丹阳湖国家湿地公园
植物图鉴

刘宗才　刘定洲　主编

河南科学技术出版社
·郑州·

内容提要

本书在开展河南淅川丹阳湖国家湿地公园植物资源本底调查的基础上，由丹阳湖国家湿地公园管理局组织人员编写，全书收录丹阳湖国家湿地公园辖区维管植物508种，同时收录了调查中发现的新记录种。每种均以中文名、学名、科名、属名、识别特征、分布与生境、功用价值为主要内容进行编写；部分水生、湿生、旱生植物在水体、消落带及岸边（含山坡）具有重要生态功能，也一并予以介绍。每种植物配以体现其识别特征的图片一至多幅，便于读者认识各种植物并掌握其识别特征。

本书图文并茂，文字简练，图片精美，为南水北调中线水源地开展生态及资源科研工作提供重要参考；为林学、园林、生物学、环保等相关专业的师生在南水北调水源地实习、考察提供重要参考；同时，也是中、小学生，户外爱好者和游客了解本区植物资源的科普读物。

图书在版编目（CIP）数据

丹阳湖国家湿地公园植物图鉴 / 刘宗才，刘定洲主编. —郑州：河南科学
技术出版社，2023.2
ISBN 978-7-5725-1054-0

Ⅰ.①丹… Ⅱ.①刘…②刘… Ⅲ.①沼泽化地—国家公园—植物—丹阳—
图谱 Ⅳ.①Q948.525.33-64

中国国家版本馆CIP数据核字（2023）第010080号

出版发行：河南科学技术出版社
　　　　　地址：郑州市郑东新区祥盛街27号　邮编：450016
　　　　　电话：（0371）65737028　65788613
　　　　　网址：www.hnstp.cn
　　　　　邮箱：hnstpnys@126.com
策划编辑：陈淑芹　申卫娟
责任编辑：陈淑芹
责任校对：丁秀荣
整体设计：张德琛
责任印制：张艳芳
印　　刷：河南瑞之光印刷股份有限公司
经　　销：全国新华书店
开　　本：889 mm×1 194 mm　1/16　印张：30.25　字数：700千字
版　　次：2023年2月第1版　2023年2月第1次印刷
定　　价：298.00元

《丹阳湖国家湿地公园植物图鉴》
编写委员会

主　　编	刘宗才　刘定洲
副 主 编	梁虎兵　李成涛　朱丙钧　杜彩琴　周晶晶 李小玲
编　　委	李　新　李如超　李笑芳　孙　健　岳建清 胡　博　马邦炎　金　梦　张　力　徐东亚 刘煜坤　陈元江
主编单位	河南淅川丹阳湖国家湿地公园管理局 南阳师范学院
参编单位	河南汇林植物科技咨询中心 河南省林业产业发展中心

前　言

　　2014 年 12 月国家林业局批准建立河南淅川丹阳湖国家湿地公园（试点），2019 年 10 月通过验收，并于当年正式授牌。丹阳湖国家湿地公园位于河南省淅川县境内，规划范围为丹江湿地国家级自然保护区以南的丹江口水库水域（南园）、丹江与老灌河交汇口东侧水域（北园）两个园区，规划总面积 25 226.4 hm^2。

　　2017 ~ 2019 年，丹阳湖国家湿地公园管理局会同南阳师范学院及河南汇林植物科技咨询中心，对湿地公园全域开展了植物多样性本底调查，拍摄数字照片 12 000 余幅，采集蜡叶标本 1 000 余号。此前，由淅川县林业局委托南阳师范学院，于 2014 ~ 2015 年开展的淅川县全域植物资源本底调查，同时在丹阳湖国家湿地公园辖区开展了调查。根据调查资料统计，丹阳湖国家湿地公园有植物 941 种（含亚种、变种、变型），隶属 126 科、454 属；其中，蕨类植物 16 科、20 属、33 种，裸子植物 4 科、6 属、8 种，被子植物 106 科、428 属、900 种。

　　丹阳湖国家湿地公园维管植物科、属、种数量分别占据全省同类植物数量的 62.98%、41.51% 和 26.79%；由于丹阳湖国家湿地公园地处秦岭余脉，其植物的分布和秦岭具有很深的联系，其维管植物科、属、种数量分别占据秦岭同类植物数量的 60.96%、37.48% 和 21.02%；与全国的维管植物数量相比，其科、属、种数量分别占全国同类植物数量的 28.50%、11.99% 和 2.82%，植物的多样性在本省占有重要地位。地处以秦巴山区为主的南北过渡带的东部，且为山地向平原的过渡地带，其植物多样性具有一定的过渡特征。

本书植物物种名称（中文名和拉丁名）以《中国植物志》在线版最新修订版为准，稍有调整；蕨类植物以秦仁昌蕨类植物分类系统为准，稍有调整；裸子植物以郑万钧裸子植物分类系统为准；被子植物主要依据 Cronquist（柯朗奎斯特）系统，稍有调整。以《河南植物志》为参照，本书所收录植物中，部分种类第二个中文名称为《河南植物志》的原中文名，便于对应；学名以《中国植物志》在线版为准予以订正，未予备注；以《河南植物志》为代表的河南植物文献中，被归并和无效发表的名称，部分予以备注。

　　本书收录丹阳湖国家湿地公园代表性植物 508 种，除银杏等个别种类外，均为野生植物。

　　因为参编人员摄影水平所限，部分植物照片质量不尽如人意，敬请谅解；由于编者水平有限，错误之处，恳请指正。

编　者

2022 年 5 月

目　录

蕨类植物门
Pteridophyta

一、卷柏科 Selaginellaceae

1. 卷柏　九死还魂草

学　　名：*Selaginella tamariscina* (Beauv.) Spring

属　　名：卷柏属 *Selaginella* Spring

形态特征：植株高 5~15 cm。孢子叶同型，孢子叶穗生于枝顶；孢子囊圆肾形；孢子二型。主茎不明显，直立，干后内卷如拳。叶二型，4 裂，背腹各 2 裂，交互着生，中叶（腹叶）不并行，斜上，卵状长圆形，急尖或有长芒尖，边缘有微齿，侧叶斜展，宽超出中叶，长卵圆形，急尖而有长芒尖，外侧边缘狭膜质，有微齿，内侧边缘宽膜质而全缘。

分　　布：产于河南各山区，本区南园广泛分布。生于灌丛中、岩石上或土坡上。

功用价值：全草药用。

枝叶

植株

枝叶

群落

植株

2. 中华卷柏

学　　名：*Selaginella sinensis* (Desv.) Spring

属　　名：卷柏属 *Selaginella* Spring

形态特征：多年生草本。孢子叶同型；植株有明显主茎分枝，伏地蔓生，干后不内卷如拳，棕黄色至黄绿色。主茎自基部向上生有分枝，向下断续生有根托，且主茎上的侧叶与中叶近同型，小枝上的侧叶与中叶均为圆钝。

分　　布：产于河南各山区，本区南园广泛分布。生于岸边及山坡石灰岩上。

功用价值：全草药用。

孢子叶穗　　　　　　　　　　　　　　　　枝叶

根托及根　　　　　　　　　　　　　　　　植株

二、木贼科 Equisetaceae

3. 问荆

学　　名：*Equisetum arvense* L.

属　　名：木贼属 *Equisetum* L.

形态特征：地上茎一年生，二型；根茎斜升、直立和横走，黑棕色。能育茎单一，无色或带褐色，春季发育；不育茎绿色，多分枝。孢子囊穗长圆形，孢子囊成熟后，孢子囊茎枯萎，再从同一根茎生出有分枝的绿色营养茎，叶鞘齿每2~3枚相连接，鞘筒栗棕色或淡黄色。

分　　布：产于河南各地，本区广泛分布。生于消落带及岸边水湿地带。

功用价值：观赏、药用，有毒，不可作饲料。

植株

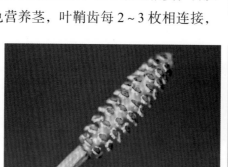

孢子叶穗

根状茎及球茎

4. 木贼

学　　名：*Equisetum hyemale* L.

属　　名：木贼属 *Equisetum* L.

形态特征：地上枝多年生，一型，绿色，发育很晚，非春季发育。根茎横走或直立，黑棕色，节和根有黄棕色长毛。茎坚硬，冬季绿色。孢子囊穗尖头。茎单一或基部有1~3个分枝，但不轮生；节间每棱脊上有2行疣状突起。叶鞘基部和齿黑色，故呈2个黑圈。

分　　布：分布于河南各地，本区广泛分布。生于消落带及岸边草丛。

功用价值：全草入药，有毒。

孢子叶穗

生殖枝

植株

5. 节节草

学　　名：*Equisetum ramosissimum* Desf.

属　　名：木贼属 *Equisetum* L.

形态特征：地上枝多年生，一型，绿色，发育很晚，非春季发育。根茎横走或直立，黑棕色，节和根有黄棕色长毛。茎坚硬，冬季绿色。孢子囊穗尖头。主茎有轮生分枝（极少数不分枝）；节点每棱脊仅有 1 行疣状突起。仅叶齿为黑色。

分　　布：产于河南各地，本区广泛分布。生于消落带及岸边水湿地带。

功用价值：全草入药，有毒。

节及叶鞘

孢子叶穗

孢子叶穗

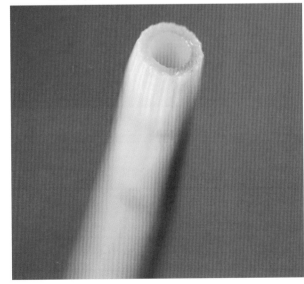

枝中空

植株

三、海金沙科 Lygodiaceae

6. 海金沙

学　　名：*Lygodium japonicum* (Thunb.) Sw.

属　　名：海金沙属 *Lygodium* Sw.

形态特征：陆生攀缘植株，攀高 1 ~ 4 m。叶轴具窄边，羽片多数，对生于叶轴短距两侧；不育羽片尖三角形，两侧有窄边，二回羽状，叶干后褐色，纸质。孢子囊穗长 2 ~ 4 mm，长度过小羽片中央不育部分，排列稀疏，暗褐色，无毛。

孢子叶及孢子囊穗

分　　布：产于河南各山区，本区广泛分布。生于消落带、岸边草丛及山地。

功用价值：药用，孢子可作医药上的撒布剂及丸药包衣。茎叶捣烂水浸液可治蚜虫、红蜘蛛。可作酸性土指示植物。

孢子叶

营养叶

四、碗蕨科 Dennstaedtiaceae

7. 溪洞碗蕨

学　　名：*Dennstaedtia wilfordii* (Moore) Christ

属　　名：碗蕨属 *Dennstaedtia* Bernk.

形态特征：植株高约 40 cm，除根状茎有毛外，余皆光滑。叶 2 列，远生或近生，薄草质，长圆状披针形，长约 27 cm，宽 6 ~ 8 cm，二至三回羽状深裂，末回裂片浅裂成长短不等的 2 ~ 3 小裂片或粗齿状，小脉 1 条，不达边缘；叶柄下部红棕色，上部稍淡红色或淡禾秆色。孢子囊群圆形，生于小裂片顶部；囊群盖浅碗状无毛。

叶背面及孢子囊群

分　　布：伏牛山、大别山、桐柏山区均产，本区各山区均产。生于消落带、岸边及山沟溪边或潮湿石缝中。

孢子囊群着生叶缘

植株

五、蕨科 Pteridiaceae

8. 蕨 拳菜

学　　名： *Pteridium aquilinum* var. *latiusculum* (Desv.) Underw. ex Heller

属　　名： 蕨属 *Pteridium* Scopoli

形态特征： 植株高 1 m 以上。根状茎长而横走，有褐色绒毛。叶远生，近革质，背面密生灰棕色毛；叶片宽三角形或卵状三角形，三回羽裂；小羽片基部彼此连接或分离；叶柄长，禾秆色或棕禾秆色，幼时密生灰白色毛。孢子囊群生于小脉顶部的连接脉上，沿叶缘分布。

分　　布： 产于河南各山区，本区南园广泛分布。多生于灌草丛山坡阳坡或轻度石漠化区域。

功用价值： 嫩叶水煮后可食，根茎淀粉含量高，亦可入药。

叶幼时拳卷

线状孢子囊群

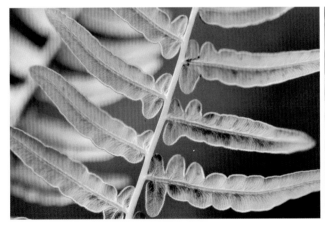

小羽片及背面边缘线状孢子囊群

植株

六、凤尾蕨科 Pteridaceae

9. 井栏边草　凤尾草

学　　名：*Pteris multifida* Poir.

属　　名：凤尾蕨属 *Pteris* L.

形态特征：植株高 30 ~ 70 cm。根状茎直立，顶端有钻形鳞片。叶二型，簇生，草质，无毛；叶柄禾秆色或带褐色；能育叶片长卵形，一回羽状，但下部羽片往往二至三叉；不育叶的羽片或小羽片较宽，边缘有不整齐的尖锯齿。侧脉单一或分叉。孢子囊群沿叶边连续分布。

分　　布：产于河南各地，本区域各地均有分布。生于消落带及湿润处。

功用价值：全草入药。

孢子叶及背面边缘线状孢子囊群　　　营养叶　　　孢子叶正面

10. 蜈蚣凤尾蕨　蜈蚣草

学　　名：*Pteris vittata* L.

属　　名：凤尾蕨属 *Pteris* L.

形态特征：植株高 0.2 ~ 1.5 m。根茎短而直立，密被疏散黄褐色鳞片。叶簇生，一型；叶柄深禾秆色或浅褐色，幼时密被鳞片；叶片倒披针状长圆形，长尾头，基部渐窄，奇数一回羽状；不育的叶缘有细锯齿；侧生羽片向顶部为多回二叉分枝，成为密集的鸡冠形。孢子囊群线形，着生羽片边缘的边脉。

分　　布：主要产于伏牛山、大别山及桐柏山区，本区南园广泛分布。生于潮湿灌丛。

功用价值：药用。

叶幼时拳卷

叶背面孢子囊群线形　　　植株

七、铁线蕨科 Adiantaceae

11. 铁线蕨

学　　名：*Adiantum capillus-veneris* L.

属　　名：铁线蕨属 *Adiantum* L.

形态特征：植株高 15 ~ 40 cm。根状茎横走，有淡棕色披针形鳞片。叶近生，薄草质，无毛；叶柄栗黑色，仅基部有鳞片；叶片卵状三角形，长 10 ~ 25 cm，宽 8 ~ 16 cm，中部以下二回羽状，小羽片斜扇形或斜方形，外缘浅裂至深裂，裂片狭，不育裂片顶端钝圆并有细锯齿。叶脉扇状分叉。孢子囊群生于由变质裂片顶部反折的囊群盖下面；囊群盖圆肾形至矩圆形，全缘。

分　　布：产于河南伏牛山区、桐柏山、大别山、太行山区等，本区南园少量分布。生于岸边、山坡林下阴湿处或岩石上。

孢子囊群盖

叶、羽片及小羽片

植株

八、蹄盖蕨科 Athyriaceae

12. 禾秆蹄盖蕨

学　　名：*Athyrium yokoscense* (Franch. et Sav.) Christ

属　　名：蹄盖蕨属 *Athyrium* Roth

形态特征：根状茎短粗，直立，先端密被黄褐色、狭披针形的鳞片；叶簇生。能育叶叶柄基部深褐色，密被与根状茎上同样的鳞片；叶片长圆形状披针形，一回羽状，羽片深羽裂至二回羽状，小羽片浅羽裂；羽片 12 ~ 18 对，下部的近对生，向上的互生。孢子囊群近圆形或椭圆形，生于主脉与叶边中间。

分　　布：产于河南各地，本区南园少量分布。生于林下岩石缝中。

孢子囊群

叶背面及羽片

植株

九、铁角蕨科 Aspleniaceae

13. 虎尾铁角蕨

学　　名：*Asplenium incisum* Thunb.

属　　名：铁角蕨属 *Asplenium* L.

形态特征：植株高 10 ~ 30 cm。根状茎短两直立，顶部密生狭披针形鳞片。叶簇生，宽披针形，薄草质，无毛，二回羽状；下部羽片渐缩小成卵形，中部羽片三角状披针形或披针形，先端渐尖；小羽片以狭翅相连，先端有粗牙齿；叶柄淡绿色或亮栗色，略有纤维状小鳞片，后脱落。孢子囊群生于小脉中部，近中脉。

叶片背面及孢子囊群

分　　布：太行山、伏牛山、大别山和桐柏山区均产，本区南园少量分布。生于林下及岩石缝中。

功用价值：为酸性土指示植物，全草入药。

羽片背面及孢子囊群

植株

一〇、金星蕨科 Thelypteridaceae

14. 金星蕨

学　　名：*Parathelypteris glanduligera* (Kze.) Ching

属　　名：金星蕨属 *Parathelypteris* (H. Ito) Ching

形态特征：植株高 40 ~ 60 cm。根状茎长而横走，顶部略有披针形鳞片。叶疏生或近出，二回羽状，披针形，先端渐尖，羽片 12 ~ 15 对，下部羽片远离，最大，基部稍缩小，无柄，直角开展，羽状深裂；裂片长椭圆形，先端钝，全缘，背面尤其脉上有金黄色球形腺体及短柔毛；叶柄稻秆色，基部稍带黑色，鳞片极稀少。孢子囊群每裂片有 3 ~ 5 对，近边缘着生。

小羽片及孢子囊群

分　　布：伏牛山南部、大别山和桐柏山区均产，本区广泛分布。生于消落带及岸边山坡疏林下。

羽片背面

植株

一一、鳞毛蕨科 Dryopteridaceae

15. 贯众

学　　名： *Cyrtomium fortunei* J. Sm.

属　　名： 贯众属 *Cyrtomium* Presl

形态特征： 植株高 30 ~ 80 cm。根状茎短，直立或斜上，连同叶柄基部被宽披针形黑褐色大鳞片。叶簇生；羽片镰状披针形，羽片 10 ~ 20 对，长约 8 cm，基部宽 2 ~ 3 cm，叶脉网状，有内藏小脉 1 ~ 2 条；叶柄禾秆色，有疏生鳞片。孢子囊群生于内藏小脉顶端，在主脉两侧各排成不整齐的 3 ~ 4 行。

分　　布： 产于河南各地，本区广泛分布。生于消落带、岸边及山坡林缘及岩缝中。

功用价值： 根状茎磨成粉，加水喷洒用，可防治蚜虫、螟虫、孑孓。根状茎入药。

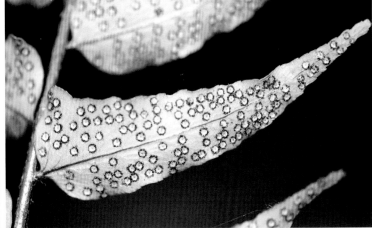

叶幼时拳卷　　　　　　　　　　羽片背面及孢子囊群成熟期

羽片背面及孢子囊群幼期　　　　　　　　　　植株

16. 半岛鳞毛蕨

学　　名：*Dryopteris peninsulae* Kitagawa

属　　名：鳞毛蕨属 *Dryopteris* Adans.

形态特征：植株高 25～50 cm。根状茎粗壮、直立，密生褐色披针形鳞片。叶簇生；叶片长矩圆形，二回羽状，先端渐尖，基部或近基部最宽；不生孢子的羽片 2～5 对，稍呈镰刀形，有短柄；小羽片矩圆状披针形，基部耳形；叶柄稻秆色，基部被棕色、线状披针形、质薄、先端具细尖的鳞片，上部与叶轴有较稀疏的小鳞片。孢子囊群沿小羽片中脉两侧各 1 行着生于叶片中部以上。

羽片背面及孢子囊群

分　　布：产于河南伏牛山、太行山和大别山区，本区南园广泛分布。生于山区消落带、岸边及山坡阴湿处。

叶背面

植株

一二、蘋科 Marsileaceae

17. 蘋

学　　名：*Marsilea quadrifolia* L.

属　　名：蘋属 *Marsilea* L.

形态特征：水生。植株高 5～20 cm。根状茎细长横走，分枝，顶端有淡棕色毛，茎节远离，向上发出一至数枚叶片。小叶 4 枚，倒三角形，草质，无毛。叶脉扇形分叉，网状，网眼狭长，无内藏小脉。叶柄基部生有单一或分叉的短柄，顶部着生孢子果；果矩圆状肾形，幼时有密毛，后变无毛；孢子囊多数，大孢子囊和小孢子囊同生在一个孢子果内壁的囊托上，大孢子囊内有一个大孢子，小孢子囊内有多数小孢子。

根状茎、根、孢子果

分　　布：产于河南各地，本区广泛分布。生于浅水区和消落带湿地。

功用价值：可作饲料，全草入药。水体富营养化指示植物。

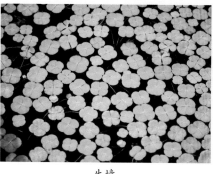

生境

叶

一三、槐叶蘋科 Salviniaceae

18. 槐叶蘋

学　　名：*Salvinia natans* (Linn.) All.

属　　名：槐叶蘋属 *Salvinia* Adans.

形态特征：小型漂浮植物。茎横走，密生褐色节状短毛，无根。叶 3 片轮生，2 片漂浮水面，长圆形，长 8 ~ 12 mm，宽 5 ~ 6 mm，圆钝头，基部圆形或心脏形，表面绿色，中脉明显，在侧脉间有 5 ~ 9 个突起，上生一束短毛，背面褐色有毛；另一叶水生，须根状。孢子果 4 ~ 8 个聚生于水生叶基部，其上有疏散的束短毛。

分　　布：河南各地均产，本区广泛分布。生于浅水区和消落带湿地。

功用价值：全草入药。水体富营养化指示植物。

生境　　　　　　　　　　　　枝叶

一四、满江红科 Azollaceae

19. 满江红

学　　名：*Azolla pinnata* subsp. *asiatica* R. M. K. Saunders & K. Fowler

属　　名：满江红属 *Azolla* Lam.

形态特征：小型漂浮植物。根状茎细长横走，侧枝腋生，假二歧分枝，向下生须根。叶小、互生，无柄，覆瓦状排列成两行，叶片深裂，肉质，绿色，秋后常变为紫红色。孢子果双生于分枝处，大孢子果体积小，长卵形，顶部喙状。

群落

分　　布：河南各地均产，主要分布于本区北园。生于河流入库口附近及浅水区。

功用价值：可作绿肥，煮熟可作猪、鸭的优良饲料，也为稻田固氮植物。水体富营养化指示植物。

 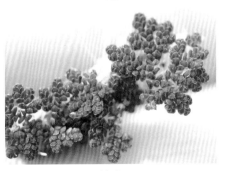

植株　　　　　　　　　　　　枝叶

裸子植物门

Gymnospermae

一五、银杏科 Ginkgoaceae

20. 银杏

学　　名：*Ginkgo biloba* Linn.

属　　名：银杏属 *Ginkgo* Linn.

形态特征：乔木，高达 40 m，胸径达 4 m，树干通直。叶扇形，上部宽 5~8 cm，有深或浅的波状缺刻，有时中部缺刻较深，成 2 裂状，基部楔形，无毛；叶脉二叉状；叶柄长。雌雄异株，种子核果状，椭圆形、倒卵形或近圆形，长 2.5~3 cm，熟时黄色或橙黄色，被白粉。花期 3~4 月，种熟期 9~10 月。

分　　布：全国各地有栽培，本区南北两园均有分布。为岸边栽培。

功用价值：木材可供建筑、雕刻等用，种仁入药，外种皮作农药。

小孢子叶球　　　　　枝、叶、种子　　　　　植株

一六、松科 Pinaceae

21. 马尾松

学　　名：*Pinus massoniana* Lamb.

属　　名：松属 *Pinus* Linn.

形态特征：乔木，高达 40 m。树皮红褐色，深裂成不规则状厚块片。小枝红黄色或淡黄褐色，无毛；针叶 2 针一束，稀 3 针，长 12~20 cm，细柔；一年生小球果上部种鳞先端有向上直伸的刺；球果长卵形，熟时栗色；种鳞矩圆状倒卵形，鳞盾平，微具横脊，鳞脐微凹，无刺，稀有极短的刺；种子长 4~5 mm，翅长 1.5~2 cm。花期 4 月，球果次年 10~11 月成熟。

分　　布：大别山、桐柏山、伏牛山南部地区均产，本区南园广泛分布。生于岸边、山坡及酸性土，马尾松为辖区山坡植被优势常绿树种。

功用价值：木材供建筑。树干可割取松脂，提炼松香和松节油，供工业和医药用。种子含油，可食用；植株各部均可入药；干枝是培植茯苓的原料。

干皮　　　　　　枝、叶、球果　　　　　植株

22. 油松

学　　名：*Pinus tabuliformis* Carrièree

属　　名：松属 *Pinus* Linn.

形态特征：乔木，高达 25 m，胸径可达 1 m 以上；树皮灰褐色或褐灰色，裂成不规则较厚的鳞状块片，裂缝及上部树皮红褐色。针叶 2 针一束，粗硬，边缘有细锯齿，两面具气孔线。球果卵形或圆卵形，长 4~9 cm，有短梗，向下弯垂，鳞脐凸起有尖刺；种子卵圆形或长卵圆形，淡褐色有斑纹，长 6~8 mm，直径 4~5 mm，连翅长 1.5~1.8 cm。花期 4~5 月，球果第二年 10 月成熟。

分　　布：伏牛山和太行山区均产，本区南园广泛分布。栽培于岸边阳光充足的山坡。油松为辖区山坡植被优势常绿树种。

功用价值：松树节、松针、松油入药。树干可割取松脂。树皮提取栲胶，种子含油，供食用或工业用。亦为荒山造林树种。

植株

小孢子叶球

枝、叶、大孢子叶球

一七、杉科 Taxodiaceae

23. 杉木

学　　名：*Cunninghamia lanceolata* (Lamb.) Hook.

属　　名：杉木属 *Cunninghamia* R. Br.

形态特征：乔木，高达 30 m 以上。树皮灰褐色，长片状剥落，内皮淡红色。枝轮生，小枝绿色。叶螺旋状排列，线状披针形，长 3 ~ 6 cm，宽 3 ~ 5 mm，先端锐尖，坚硬，边缘有细锯齿。球果长 2.5 ~ 5 cm，直径 2 ~ 4 cm；种子不规则长圆形，长 6 ~ 8 mm，宽 4 ~ 5 mm，深褐色，具窄翅。花期 4 ~ 5 月，球果 10 ~ 11 月成熟。

分　　布：产于河南大别山、桐柏山和伏牛山南部，本区南园广泛分布。栽培于岸边山沟及山基酸性土。

功用价值：为针叶树的速生用材树种，材质轻软，纹理通直，易于加工，供建筑、造船、电杆等用。树皮、根及叶入药；供制肥皂。

大孢子叶球

枝、叶

枝、叶、球果

植株

一八、柏科 Cupressaceae

24. 侧柏

学　　名：*Platycladus orientalis* (Linn.) Franco

属　　名：侧柏属 *Platycladus* Spach

形态特征：乔木，高达 20 m，胸径达 1 m 以上。树皮淡褐色或深灰色。小枝扁平，排成一平面，直展。叶鳞形或幼苗叶为刺形，位于小枝上面，下面之叶的露出部分倒卵状菱形或斜方形，两侧的叶折覆着上下之叶的基部两侧，叶背中部均有腺槽。雌雄同株，球花生于短枝顶端。球果褐色。花期 3～4 月，球果 9～10 月成熟。

分　　布：河南各地均有栽培或野生，本区南园广泛分布。栽培于岸边山坡及石漠化地带。

功用价值：本区荒山造林的优良树种。木材细致坚实，材质优良，供建筑、造船、器具及细工用材等，根、干、枝叶可提取挥发油；根、枝叶、球果及种子均可入药。

球果

枝、叶、大孢子叶球

植株

25. 柏木

学　　名：*Cupressus funebris* Endl.

属　　名：柏木属 *Cupressus* Linn.

形态特征：乔木。树皮淡褐灰色，裂成窄长片，小枝细长下垂，有叶小枝扁平，排成一平面，两面相似。鳞叶先端尖，中间的叶背面有纵腺点，两侧的叶对褶。球果褐色，圆球形；种鳞 4 对，基部 1 对不育，顶部有尖头，各有 5～6 枚种子；种子长约 3 mm，熟时淡褐色。花期 4 月，球果 5～6 月成熟。

分　　布：中国特有。河南各地栽培，本区南园广泛分布。栽培于本区域岸边、山坡及石漠化区域。

功用价值：材质优良，供建筑、造船等用；种子可榨油；球果、根、枝叶均可入药；根、干、枝叶可提取挥发油。

球果

枝叶

植株

26. 圆柏

学　　名：*Juniperus chinensis* L.

属　　名：刺木属 *Juniperus* L.

形态特征：常绿乔木，高达 20 m，树皮深灰色，纵裂成长条。叶二型，有鳞形叶小枝圆形或近方形；幼树上叶全为刺形，2 枚轮生，腹面有 2 条白粉带；老树多为鳞形叶，交互对生，排裂紧密，背面近中部有椭圆形腺体。雌雄异株。球果近圆形，有白粉，熟时褐色。花期 3～4 月，球果 9～10 月成熟。

分　　布：河南省各地均有栽培，本区南园广泛分布。栽培于本区域岸边、山坡及石漠化区域。

功用价值：为庭院观赏树种，木材供建筑、家具等用。枝叶入药，根、干、枝可提取芳香油，种子榨油供工业用。

球果

枝、叶

植株

被子植物门

Angiospermae

一九、三白草科 Saururaceae

27. 蕺菜　鱼腥草

学　　名：*Houttuynia cordata* Thunb.

属　　名：蕺菜属 *Houttuynia* Thunb.

形态特征：多年生草本，高 15～50 cm，有鱼腥臭味。根状茎细长，白色。茎单生，幼时常紫红色，无毛。叶心脏形或宽卵形，基部心脏形，全缘，密生细腺点，无毛；托叶披形，基部与叶柄合生成鞘状。穗状花序生于茎端，与叶对生，基部有 4 枚白色花瓣状苞片，花小；雄蕊 3 枚。蒴果壶形，顶端开裂。花期 5～7 月，果熟期 7～9 月。

分　　布：产于河南伏牛山、大别山和桐柏山区，本区广泛分布。生于消落带湿地、山沟或林下湿地。

功用价值：全草入药。全草浸液可作农药，对防治蚜虫、红蜘蛛、青虫、桑螟等均有效；嫩叶可作野菜食用。

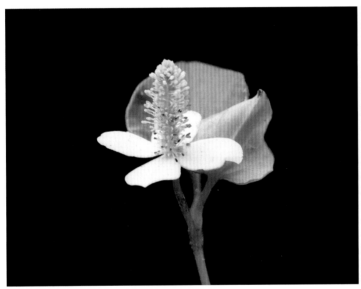

穗状花序和总苞片

植株

果期

二〇、马兜铃科 Aristolochiaceae

28. 马兜铃

学　　名： *Aristolochia debilis* Sieb. et Zucc.

属　　名： 马兜铃属 *Aristolochia* Linn.

形态特征： 多年生缠绕草本。全株无毛。叶互生，三角状矩圆形至卵状披针形或卵形，基部戟形，两侧具圆形耳片；花单生于叶腋，花被喇叭状，基部急剧膨大呈球状，上端逐渐扩大成向一面偏的侧片，带暗紫色；雄蕊 6 枚，贴生于粗短的花柱周围；柱头 6 个。蒴果近球形，6 瓣裂。花期 7~8 月，果熟期 9~10 月。

分　　布： 产于河南伏牛山区灵宝、卢氏、栾川、嵩县、淅川、西峡等地，本区广泛分布。生于消落带、岸边及山坡灌丛。

功用价值： 在一些中成药中以其茎作为木通的代用品，应注意其毒性。

蒴果

花期

枝、叶

蒴果开裂

植株

29. 寻骨风　绵毛马兜铃

学　　名：*Aristolochia mollissima* Hance

属　　名：马兜铃属 *Aristolochia* Linn.

形态特征：多年生缠绕草本或基部木质化。全株密生黄白色绵毛。叶互生，卵形至椭圆状卵形，先端钝圆至锐尖，基部心脏形；花单生叶腋，近中部具1个卵形苞片；花被管筒部弯曲，顶端3裂，带紫色；雄蕊6枚，贴生于花柱周围；子房6室。蒴果圆柱形，沿背缝线具宽翅，黑褐色，6瓣裂。花期5~6月，果熟期8~9月。

分　　布：河南伏牛山、太行山、大别山和桐柏山区均产，本区广泛分布。生于消落带、岸边及山坡灌丛。

功用价值：全草入药。

花　　花正面

植株

二一、毛茛科 Ranunculaceae

30. 短尾铁线莲

学　　名：*Clematis brevicaudata* DC.

属　　名：铁线莲属 *Clematis* Linn.

形态特征：落叶藤本。小枝褐色，疏生短毛。叶为二回三出或羽状复叶；小叶卵形至披针形，边缘疏生粗齿，有时3裂，近无毛；叶柄有微柔毛。圆锥花序顶生或腋生，腋生花序较叶短；萼片4个展开，白色，狭倒卵形，长约8 mm，两面均有短绢状柔毛。瘦果卵形，长约3 mm，密生短柔毛。花期6~7月，果熟期8~9月。

分　　布：太行山、大别山、桐柏山和伏牛山区均产，本区广泛分布。生于山坡灌丛或疏林中。

功用价值：茎、叶入药。

雌、雄蕊

花

花序

叶

植株

31. 钝萼铁线莲

学　　名：*Clematis peterae* Hand.–Mazz.

属　　名：铁线莲属 *Clematis* Linn.

形态特征：藤本。小枝灰褐色，具纵沟槽，无毛或幼时具柔毛。奇数羽状复叶；小叶5个，卵形或狭卵形，全缘或边缘疏生1~4个小牙齿，表面几无毛，背面疏生短毛，老叶近无毛。圆锥花序具多花；萼片4个，白色，展开，矩圆形，两面有短柔毛，边缘有短绒毛。瘦果狭卵形，无毛，羽状花柱长达15 cm。花期6月，果熟期8~9月。

分　　布：太行山、大别山、桐柏山和伏牛山区均产，本区广泛分布。生于岸边、山坡林下路旁。

功用价值：茎入药。

花

花序

聚合果

雄蕊

叶

植株

32. 陕西铁线莲

学　　名：*Clematis shensiensis* W. T. Wang

属　　名：铁线莲属 *Clematis* Linn.

形态特征：落叶藤本。小茎枝圆柱形，有纵条纹和短柔毛。一回羽状复叶，常有 5 小叶；小叶片纸质、卵形或宽卵形，全缘，上面疏生短柔毛或近无毛，下面密生短柔毛。聚伞花序腋生或顶生，3～7 朵花，常稍比叶短；萼片通常 4 个，开展；花白色。瘦果卵形，扁，宿存花柱长达 4 cm，有金黄色长柔毛。花期 5～6 月，果期 8～9 月。

分　　布：产于河南伏牛山区，本区南园广泛分布。生于山坡或山沟疏林。

果期　　　　　　　　　　　　　　　　　花

花序　　　　　　　　　　　　　　　　茎、叶

33. 威灵仙

学　　名： *Clematis chinensis* Osbeck

属　　名： 铁线莲属 *Clematis* Linn.

形态特征： 藤本，枝叶暗绿色，干后变黑色。茎近无毛，有纵棱。奇数羽状复叶，长达 20 cm，5 小叶，草质，全缘，近无毛，干后黑色；叶柄长 4.5 ~ 6.5 cm。花序圆锥状，顶生或腋生，具多数花；萼片 4 个，白色，展开；瘦果黑色，狭卵形，疏生紧贴柔毛，羽状花柱长达 1.8 cm。花期 6 ~ 8 月，果熟期 8 ~ 10 月。

分　　布： 大别山、桐柏山和伏牛山南部均产，本区广泛分布。生于岸边、山坡灌丛、林缘或疏林中。

功用价值： 全株可作农药，捣烂加水和樟脑煮沸后榨出的原液，可防治造桥虫、菜青虫、地老虎等。把根制成 2% 的水浸液喷洒可杀死孑孓。

花

雌、雄蕊

花序

果期

茎、叶

34. 圆锥铁线莲　黄药子

学　　名：*Clematis terniflora* DC.

属　　名：铁线莲属 *Clematis* Linn.

形态特征：藤本。茎和小枝幼时具疏生短柔毛，后变无毛。奇数羽状复叶，5 小叶，宽卵形或卵形，几无毛，网脉明显，干后黄绿色。花序圆锥状，顶生或腋生，常比叶稍短；萼片 4 个，展开，白色，矩圆形，外面边缘有短柔毛。瘦果倒卵形或椭圆形，黄褐色，有紧贴柔毛，羽状花柱长达 3.6 cm。花期 6～7 月，果熟期 8～9 月。

分　　布：伏牛山、大别山和桐柏山区均产，本区广泛分布。生于山坡灌丛、路旁、林缘或疏林中。

功用价值：根入药。亦可作庭院观赏植物。

果实

聚合果

花

花序

茎、叶

叶

35. 山木通

学　　名：*Clematis finetiana* Lévl. et Vant.

属　　名：铁线莲属 *Clematis* Linn.

形态特征：常绿藤本。茎长达 4 m，无毛，有纵棱。3 小叶，薄革质，狭卵形或披针形，长 6～9 cm，基部圆形，全缘，无毛；聚伞花序腋生或顶生，具 1～3(～5) 朵花；萼片 4 个，展开，白色，外面边缘有短绒毛；瘦果纺锤形，长约 5 mm，羽毛状花柱长约 1.5 cm。花期 5～6 月，果熟期 8～9 月。

分　　布：伏牛山南部、大别山和桐柏山区均产，本区南园广泛分布。生于山坡路边或林缘。

功用价值：全株入药。

花

茎、叶

聚合果

叶、花序

36. 小木通

学　　名：*Clematis armandii* Franch.

属　　名：铁线莲属 *Clematis* Linn.

形态特征：常绿藤本，长达 5 m。3 小叶，革质，狭卵形至披针形，长 8 ~ 12 cm，基部圆形或浅心脏形，全缘，无毛。圆锥花序顶生或腋生，腋生花序基部具多数鳞片；萼片 4 ~ 5 个，白色或粉红色，平展，窄长圆形或长圆形；外面边缘具短绒毛；瘦果椭圆形，疏生伸展柔毛，羽状花柱长达 5 cm。花期 5 ~ 6 月，果熟期 7 ~ 8 月。

分　　布：产于河南伏牛山南部、大别山和桐柏山区，本区南园广泛分布。生于山坡路旁或杂木林中。

功用价值：茎藤、根与花均可入药。全草可作农药，捣烂加水和樟脑煮沸榨汁，再加水喷洒，可防治造桥虫、菜青虫、地老虎、瓢虫等。

花序、花

茎、叶

叶

37. 肉根毛茛

学　　名：*Ranunculus polii* Franch. ex Hemsl.

属　　名：毛茛属 *Ranunculus* Linn.

形态特征：须根肉质肥厚。茎匍匐地上，茎节着地即生须根，另成新株。基生叶具长柄，3 全裂，成复叶状，中间裂片菱状楔形或狭菱形，基部渐狭成细柄，3 浅裂至 3 深裂，小裂片线形，侧生裂片较小，有短柄或几无柄；茎生叶具短柄或无柄，细裂，无毛。花稀疏；萼片 5 个；疏生柔毛，花瓣 5 个，黄色。花果期 4 ~ 6 月。

分　　布：伏牛山南部、大别山和桐柏山区均产，本区广泛分布，北园区域更为常见。生于消落带湿地、草丛。

果期

花序

基生叶

38. 石龙芮

学　　名：*Ranunculus sceleratus* Linn.

属　　名：毛茛属 *Ranunculus* Linn.

形态特征：一年生草本。须根簇生。茎直立。基生叶多数，基部心形，3 深裂不达基部，无毛；茎生叶多数，下部叶与基生叶相似；上部叶较小，3 全裂，全缘，无毛，基部扩大成膜质宽鞘抱茎。聚伞花序有多数花；萼片椭圆形，外面有短柔毛，花瓣 5 个，倒卵形；聚合果长圆形；瘦果极多数，近百枚，紧密排列。花果期 5~8 月。

分　　布：河南各地均产，本区广泛分布。生于浅水区及消落带湿地。

功用价值：消落带污染物阻隔和水质净化效果较好。种子和根含白头翁素，全草含毛茛油。全草入药。

聚合果

花

基生叶

植株

39. 茴茴蒜

学　　名：*Ranunculus chinensis* Bunge

属　　名：毛茛属 *Ranunculus* Linn.

形态特征：多年生草本，高 15～50 cm。茎与叶柄密生伸展的淡黄色长硬毛。叶为三出复叶，叶宽卵形，顶生小叶具长柄，3 深裂，裂片狭长，侧生小叶具短柄，不等 2 或 3 裂。花序具疏花，萼片 5 个，淡绿色；花瓣 5 个，黄色，宽倒卵形。聚合果矩圆形，长约 1 cm；瘦果扁，无毛。花期 5～8 月，果熟期 6～9 月。

分　　布：河南各地均产，本区广泛分布，北园区域更为常见。生于浅水区及消落带湿地。

功用价值：消落带污染物阻隔和水质净化效果较好。全草有毒，含有白头翁素，人畜不可食用。对杀蛆虫有显著效果，对痢疾、伤寒杆菌有杀灭力，并对于农作物的螟虫、黏虫有较强的杀灭力。也作药用，但毒性较大不可内服。敷后局部起泡，严防泡破，以免感染。

聚合果　　　　　　　　　　花正面

花侧面

基生叶　　　　　　　　　　茎、茎生叶、花

40. 毛茛

学　　名：*Ranunculus japonicus* Thunb.

属　　名：毛茛属 *Ranunculus* Linn.

形态特征：多年生草本，高 30～60 cm。茎与叶柄有伸展的硬毛，基生叶为单叶，基部心脏形，3 深裂，中间裂片宽菱形或倒卵形，3 浅裂，疏生锯齿，侧生裂片不等 2 裂，表面疏生伏毛。花序聚伞状，有多数花；萼片 5 个，淡绿色，外面被柔毛；花瓣 5 个，黄色，倒卵形；雄蕊与心皮多数。聚合果近球形。花期 4～7 月，果熟期 6～8 月。

分　　布：河南各地均产，本区广泛分布。生于浅水区及消落带湿地。

功用价值：全草为外用发泡药，有毒；又可作农药，对防治蚜虫、稻螟等均有效。

聚合果

花果期

花

基生叶

41. 伏毛毛茛　假酸毛茛

学　　名：*Ranunculus japonicus* var. *propinquus* (C. A. Mey.) W. T. Wang

属　　名：毛茛属 *Ranunculus* Linn.

形态特征：变种。与毛茛的区别：茎基部和叶柄具糙伏毛。叶片 3 分裂，很少 3 全裂。上面茎生叶并非银色的具糙伏毛。花期 5 ~ 9 月。

分　　布：产于河南太行山和伏牛山区，本区广泛分布。生于浅水区及消落带湿地。

功用价值：消落带和沼泽地水质净化效果好。全草有毒，不可食。

聚合果

花果期

基生叶

花序及花

42. 白头翁

学　　名：*Pulsatilla chinensis* (Bunge) Regel

属　　名：白头翁属 *Pulsatilla* Adans.

形态特征：多年生草本。具粗壮的圆锥状根。全株被白色绒毛。叶基生 4~5 枚，宽卵形，长 4.5~ 14 cm，宽 8.5~16 cm，中央裂片与侧生裂片均 3 深裂。花莛 1~2 个；花总苞管长 3~10 mm；萼片 6 个，2 轮，蓝紫色，背面有绵毛。聚合果球形；瘦果长 3.5~4 mm，宿存花柱羽毛状，长 3~6.5 cm。花期 3~4 月，果熟期 5~6 月。

分　　布：河南各地均产，本区南园广泛分布。生于消落带、岸边及山坡干燥向阳处。

功用价值：植物体含白头翁素和白头翁酸，有强大的抗菌作用。根及全株入药。又可作农药，根水浸液对小麦叶锈病菌夏孢子发芽、马铃薯晚疫病菌孢子发芽均有抑制作用。对防治蚜虫和地老虎有较好的效果。

花侧面及苞片

花期

果期

成熟果

根

基生叶

植株

二二、木通科 Lardizabalaceae

43. 三叶木通

学　　名：*Akebia trifoliata* (Thunb.) Koidz.

属　　名：木通属 *Akebia* Decne.

形态特征：落叶木质藤本。枝无毛。3 小叶，卵圆形、宽卵圆形，或长卵形，长宽变化较大，边缘浅裂或呈波状。总状花序腋生，长约 8 cm；雄花生于上部，雄蕊 6 枚；雌花生于下部，萼片紫色，花瓣状，具 6 枚退化雄蕊。果肉质，长卵形，成熟后沿腹缝线开裂，种子多数，黑色。花期 4～5 月，果熟期 8～9 月。

分　　布：太行山、伏牛山、大别山和桐柏山区均产，本区南园广泛分布。生于山坡林中或灌丛中。

功用价值：根、藤与果均可入药。叶、茎可作农药，加水煮液能防治棉蚜。水浸液对马铃薯晚疫病菌孢子有抑制作用。果实可吃，也可酿酒。种子可榨油，供食用及制肥皂。

果期　　　　　　　　　　　成熟果实　　　　　　　　　　果实

雌花　　　　　　　　　　　　　花序

花期　　　　　　　　　　　　　枝叶

44. 木通

学　　名：*Akebia quinata* (Houtt.) Decne.

属　　名：木通属 *Akebia* Decne.

形态特征：落叶藤本。枝有长、短之分，无毛。5小叶，倒卵形或长倒卵形，先端圆而中间微凹，并有一细短尖，全缘，表面深绿色，背面带白色，无毛。雌花暗紫色；雄花紫红色，较小。浆果椭圆形，暗紫色，熟时纵裂；种子黑色。花期4~5月，果熟期8~9月。

分　　布：伏牛山南部、大别山和桐柏山区均产，本区南园广泛分布。生于山坡林中或灌丛中。

功用价值：茎、根与果入药。种子含油，可榨油制肥皂。茎藤又可作编织的材料。

雌花、雌蕊及退化雄蕊

雄花

果实

花序

植株

二三、防己科 Menispermaceae

45. 木防己

学　　名：*Cocculus orbiculatus* (L.) DC.

属　　名：木防己属 *Cocculus* DC.

形态特征：落叶木质藤本。小枝密生柔毛，具条纹。叶纸质，宽卵形或卵状椭圆形，先端急尖、圆钝或微凹，全缘或有时 3 浅裂，两面有柔毛；叶柄长 1~3 cm。聚伞状圆锥花序腋生；花淡黄色，萼片与花瓣各 6 个；雄花雄蕊 6 枚，雌花有 6 枚退化雄蕊。核果近球形，蓝黑色。花期 5~6 月，果熟期 8~9 月。

分　　布：河南各山区均有分布，本区南园广泛分布。生于岸边及山坡灌丛。

功用价值：根、茎、叶入药。也可作兽药。茎皮纤维可制绳索，也为人造棉及纺织原料。茎藤柔软，可编制藤椅、提篮等。根含淀粉，可酿酒。

花序　　　果实

植株

二四、马桑科 Coriariaceae

46. 马桑

学　　名：*Coriaria nepalensis* Wall.

属　　名：马桑属 *Coriaria* DC.

形态特征：落叶有毒灌木，有时高达 6 m。枝斜展，小枝四棱形，无毛。叶纸质至薄革质，椭圆形至宽椭圆形，有 3 条主脉，全缘，两面无毛或仅背面沿脉有细毛；叶柄通常紫色。总状花序侧生于前年生枝上；花杂性，雄花先叶开放，萼片及花瓣各 5 枚；两性花叶后开放。浆果状瘦果 5 个，成熟时由红色变紫黑色。花期 4~5 月，果熟期 7 月。

分　　布：伏牛山、大别山及桐柏山区均产，本区南园广泛分布。生于岸边及山坡。

功用价值：可用于荒坡水土流失治理。果可提取酒精。种子榨油可作油漆和油墨。茎叶可提取栲胶。全株含马桑碱，有毒，可作土农药。

雄花

雌花序

果实

枝、叶及果

叶

二五、紫堇科 Fumariaceae

47. 夏天无　伏生紫堇

学　　名：*Corydalis decumbens* (Thunb.) Pers.

属　　名：紫堇属 *Corydalis* DC.

形态特征：块茎近球形或椭圆状球形。茎细弱，不分枝。基生叶常 1 枚，具长柄；叶背面有白粉，近正三角形，长约 6 cm，二回三出全裂，末回裂片常狭倒卵形，具短柄；茎生叶 2～3 个，似基生叶但较小。总状花序；苞片狭卵形或狭倒卵形，全缘；花瓣紫色；距长 6～8 mm。蒴果线形，串珠状。花期 4～5 月，果熟期 5～6 月。

分　　布：伏牛山和大别山区均产，本区南园广泛分布。生于岸边及山坡草地或疏林。

功用价值：块茎含生物碱，可入药。

果实

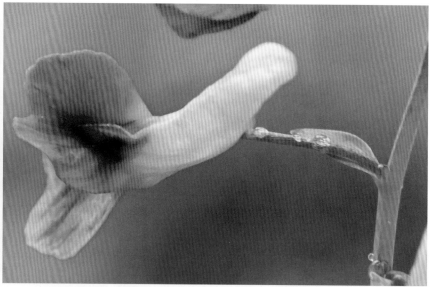

花

花序

叶

48. 紫堇

学　　名：*Corydalis edulis* Maxim.

属　　名：紫堇属 *Corydalis* DC.

形态特征：一年生无毛草本，具细长直根。茎下部常有分枝。基生叶和茎生叶有柄；叶三角形，二或三回羽状全裂。总状花序长 3 ~ 10 cm；全缘或疏生小齿；萼片小；花紫色，距长达 5 mm，末端稍下弯。蒴果线形，长约 3 cm，宽约 1.5 mm；种子黑色，扁球形，直径约 1.2 mm，密生小凹点。花期 4 ~ 7 月，果熟期 6 ~ 8 月。

分　　布：河南各地均产，本区广泛分布。生于岸边及山坡阴湿处。

功用价值：全草入药。

植株

根

果实

花

叶

二六、榆科 Ulmaceae

49. 榆树

学　　名：*Ulmus pumila* L.

属　　名：榆属 *Ulmus* Linn.

形态特征：落叶乔木，高达 25 m。小枝无木栓翅。冬芽内层芽鳞边缘具白色长柔毛。叶椭圆状卵形、长卵形、椭圆状披针形或卵状披针形，常为单锯齿；侧脉 9～16 对；花在去年生枝叶腋成簇生状；翅果近圆形，稀倒卵状圆形，仅顶端缺口柱头面被毛，余无毛；果核位于翅果中部，其色与果翅相同；宿存花被无毛，4 浅裂，具缘毛；果柄长 1～2 mm。

分　　布：河南各地均产，本区广泛分布。生于消落带上部、岸边及山坡。

功用价值：树皮含纤维，拉力强，可代麻制绳索、麻袋或人造棉。又含黏性，可作造纸糊料。叶可作农药，治绵蚜。种子含油，供食用或制肥皂。嫩叶与果可食或作饲料，为著名的救荒植物。木材坚硬，可供建筑、车辆、家具等用。

果实

枝、果序

叶

枝叶

植株

50. 榔榆

学　　名：*Ulmus parvifolia* Jacq.

属　　名：榆属 *Ulmus* Linn.

形态特征：落叶乔木，高达 15 m。树皮灰褐色，成不规则薄片状剥落。叶近革质，椭圆形、卵形或倒卵形，基部圆形，不对称，边缘具单锯齿，表面无毛，背面幼时有柔毛，后脱落或仅中脉有毛；托叶披针形，早落。花秋季开放，腋生。翅果椭圆状卵形，长 0.8～1 m，顶端凹陷，无毛；种子位于翅果中部。花期 8～9 月，果熟期 10 月。

叶

分　　布：太行山、伏牛山、大别山和桐柏山区均产，主要分布于本区南园。生于消落带上部、岸边及山坡。

功用价值：树皮含纤维、细软、含杂质少，可作蜡纸及人造棉的原料、制绳索、织麻袋。可药用。叶可作农药，能防治红蜘蛛。又可作饲料。木材坚硬，可作车辆、船橹等用。

果实

果序

树干、树皮

枝叶

枝干

51. 紫弹树

学　　名：*Celtis biondii* Pamp.

属　　名：朴属 *Celtis* Linn.

形态特征：乔木，高达 18 m。小枝密生柔毛。叶卵形或卵状椭圆形，先端急尖，基部圆形，不对称，边缘中部以上具钝锯齿，幼时两面被散生毛，表面较粗糙，背面沿脉及脉腋毛较多，老叶几无毛；叶柄长 3～7 mm，有毛。核果常 2～3 个腋生，橙红色，近球形，果柄长 1.5～2 cm，有毛；果核有网纹和脊棱。花期 4 月，果熟期 8～9 月。

分　　布：伏牛山南部、大别山和桐柏山区均产，主要分布于本区南园。生于消落带上部、岸边及山坡疏林。

功用价值：种子含油量 40%，供制肥皂。木材坚硬，供作家具、车辆等用。枝、叶与根皮可入药。

果实

枝、叶、果

植株

树冠

52. 朴树

学　　名：*Celtis sinensis* Pers.

属　　名：朴属 *Celtis* Linn.

形态特征：乔木，高达 20 m。树皮灰褐色，粗糙不开裂。幼枝密生短毛。叶卵形至狭卵形，先端急尖或长渐尖，基部圆形或宽楔形，偏斜，边缘中部以上有浅锯齿，幼时两面有毛，后脱落，表面深绿色，无毛，背面淡绿色，微有毛。核果常单生，近球形，红褐色；果核有凹穴和脊肋；果柄与叶柄近等长。花期 4 月，果熟期 9～10 月。

分　　布：伏牛山南部、大别山和桐柏山区均产，主要分布于本区南园。生于消落带上部、岸边及山坡疏林。

功用价值：树皮含纤维，可制绳索、造纸及作人造棉的原料。种子含油，可供制肥皂及润滑油。木材坚硬，供作枕木、建筑、家具等用。树皮与叶入药。

植株

果期

果实

枝、叶

植株

二七、大麻科 Cannabaceae

53. 葎草

学　　名：*Humulus scandens* (Lour.) Merr.

属　　名：葎草属 *Humulus* Linn.

形态特征：缠绕草本，茎、枝、叶柄均具倒钩刺。叶纸质，肾状五角形，掌状 5～7 深裂，稀为 3 裂，基部心脏形，表面粗糙，疏生糙伏毛，背面有柔毛和黄色腺体，裂片卵状三角形，边缘具锯齿；雄花小，黄绿色，圆锥花序；雌花序球果状，苞片纸质，三角形，顶端渐尖，具白色绒毛；瘦果成熟时露出苞片外。花期春夏，果期秋季。

分　　布：河南各地均产，本区广泛分布。生于消落带、岸边及山坡荒地。

功用价值：茎纤维可造纸和纺织。全草入药。种子含油，供制肥皂、油墨、润滑油及其他工业用油。全草亦可作农药。

茎、叶

雌株及雌花序

雄株及雄花序

二八、桑科 Moraceae

54. 柘

学　　名：*Maclura tricuspidata* Carrière

属　　名：柘属 *Cudrania* Tréc.

形态特征：落叶灌木或小乔木，常为灌木状。小枝略具棱，有棘刺。叶卵形或菱状卵形，偶为 3 裂；雌雄花序均头状，单生或成对腋生，花序梗短；雄花序径 5 mm，雄花具 2 枚苞片，花被片 4 个，雄蕊 4 枚，退化雄蕊锥形；雌花序径 1~1.5 cm，花被片 4 个，顶端盾形，内卷；聚花果近球形，径约 2.5 cm，肉质，熟时橘红色。

分　　布：河南各地均产，主要分布于本区南园。生于消落带、岸边及山地荒坡。

功用价值：可供纤维、用材、作绿篱及染料，嫩叶可养幼蚕，果可生食或酿酒。

果期

球形头状（雌）花序

植株

雄花序

成熟聚花果

枝、叶、枝刺

枝、叶、聚合果

55. 桑

学　　名：*Morus alba* L.

属　　名：桑属 *Morus* Linn.

形态特征：乔木。树皮黄褐色，浅裂。幼枝有毛或光滑。叶卵形或宽卵形，边缘具粗钝齿或有时不规则分裂，各方面无毛，背面脉上或脉腋有毛。花雌雄异株，成腋生穗状花序；雄花萼片与雄蕊各4枚；雌花柱头2裂，无柄，宿存。聚花果长 1 ~ 2.5 cm，黑紫色或白色。花期4月，果熟期6 ~ 7月。

分　　布：河南各地均产，本区广泛分布。生于消落带、岸边及山坡。

功用价值：树皮纤维柔细，可作纺织原料、造纸原料。根皮、果实及枝条入药。叶为养蚕的主要饲料，亦作药用，并可作土农药。木材坚硬，可制家具、乐器、雕刻等。桑椹可以酿酒，称桑子酒。

聚花果

柔荑花序 – 雌花序

雄花

枝、叶、聚花果

柔荑花序 – 雄花序

果期

植株

56. 构树

学　　名：*Broussonetia papyrifera* (Linn.) L'Hér. ex Vent.

属　　名：构属 *Broussonetia* L'Hér. ex Vent.

形态特征：乔木。树皮浅灰色。小枝粗壮，密生灰色长毛。叶互生或有时对生，宽卵形，先端锐尖，基部浅心脏形，边缘具粗齿，幼树叶多深裂，两面均有厚柔毛，表面粗糙。花单性，雌雄异株；雄花序柔荑状，腋生，下垂，雌花序头状。聚花果球形，直径约 3 cm，肉质，红色。花期 3~4 月，果熟期 8~9 月。

聚花果

分　　布：河南各地均产，本区广泛分布。生于消落带、岸边及山坡。

功用价值：树皮纤维细长，为造各种纸的上等原料；可混纺，也可制人造棉。果生食，也可酿酒。果实、根皮、树皮及白色汁液均可入药。种子榨油供制肥皂、油漆等。叶可作农药，防治蚜虫及瓢虫。木材富有韧牲，可做扁担及家具。含鞣质，可提制栲胶。

球形头状花序－雌花序

柔荑花序－雄花序

雄花

枝、叶、雄花序

植株

二九、荨麻科 Urticaceae

57. 苎麻

学　　名：*Boehmeria nivea* (L.) Hook. f. & Arn.

属　　名：苎麻属 *Boehmeria* Jacq.

形态特征：亚灌木，高达 2 m。茎多分枝，密生粗长毛。叶互生，卵形或宽卵形；先端渐尖，基部宽楔形或截形，边缘密生粗钝齿，表面绿色，粗糙，背面灰白色，密生交织的白色柔毛。花雌雄同株花序圆锥状，雄花序位于雌花序之下；雄花小，萼片与雄蕊均为 4 枚；雌花簇球形。瘦果小，宿存柱头丝状。花期 5~6 月，果熟期 9 月。

分　　布：河南伏牛山南部、大别山和桐柏山区均产，本区广泛分布。生于岸边、山坡林缘及灌草丛。

功用价值：防止消落带及岸边水土流失。可作纤维、药用、饲料等，种子可榨油。

叶背面

叶正面

茎、叶、花序

三〇、胡桃科 Juglandaceae

58. 化香树

学　　名：*Platycarya strobilacea* Sieb. et Zucc.

属　　名：化香树属 *Platycarya* Sieb. et Zucc.

形态特征：高大落叶乔木。奇数羽状复叶，小叶 5~19，小叶纸质，卵状披针形或长椭圆状披针形，长 4~11 cm，具锯齿，先端长渐尖，基部歪斜；两性花序常单生，雌花序位于下部，雄花序位于上部；果序球果状，苞片宿存；种子卵圆形，种皮黄褐色，膜质。花期 5~6 月，果熟期 7~8 月。

分　　布：伏牛山、大别山和桐柏山区均产，主要分布于本区南园。生于山坡杂木林中。

功用价值：树皮、根皮、叶和果序均含鞣质，作为提制栲胶的原料，树皮亦能剥取纤维，叶可作农药，根部及老木含有芳香油，种子可榨油。

成熟果序及苞片

果期

花期

花序

雄花序

枝、叶

植株

59. 枫杨

学　　名：*Pterocarya stenoptera* C. DC.

属　　名：枫杨属 *Pterocarya* Kunth

形态特征：高大落叶乔木。裸芽具柄，常几个叠生，密被锈褐色腺鳞；偶数稀奇数羽状复叶，叶轴具窄翅；小叶多枚，无柄，具内弯细锯齿；雌柔荑花序顶生，花序轴密被星状毛及单毛；雌花苞片无毛或近无毛；果序长 20~45 cm，果序轴常被毛；果长椭圆形，长 6~7 mm，基部被星状毛；果翅条状长圆形，长 1.2~2 cm，宽 3~6 mm。花期 4~5 月，果熟期 8~9 月。

分　　布：产于河南各山区，本区广泛分布。生于消落带及山沟湿处。

功用价值：可作绿化树种，树皮与枝皮含鞣质，亦可供纤维，果实可作饲料、酿酒，种子可榨油。树皮与根皮入药。

雄花　　　　　　　　雄花序

果实　　　　　　　　　　　　枝、叶

紫花　　　　　　　植株（冬态）　　　　　　植株

60. 胡桃楸

学　　名：*Juglans mandshurica* Maxim.

属　　名：胡桃属 *Juglans* Linn.

形态特征：乔木。幼枝有毛，顶芽裸露，有黄褐色毛。羽状复叶，叶柄与叶轴有毛，小叶 9～19，边缘有细锯齿，表面初有疏毛，后仅中脉有毛，背面有贴生短柔毛和星状毛。雄花序长 9～20 cm；雌花序穗状，密被毛。果卵形或椭圆形，果核有 8 条纵棱，各棱间有不规则折皱及凹沉。花期 4～5 月，果熟期 8～9 月。

分　　布：河南伏牛山区及桐柏山区均产，主要分布于本区南园。生于山沟及山坡杂木林。

功用价值：可作胡桃砧木，木材可制枪托及贵重家具。树皮入药。种仁含油可达 70%，供食用。外果皮及树皮含鞣质，可制栲胶，内果皮可制活性炭。

雌花序

核果状坚果

雄花

雄花序

枝、叶、果实

植株

三一、壳斗科 Fagaceae

61. 栓皮栎

学　　名：*Quercus variabilis* Bl.

属　　名：栎属 *Quercus* Linn.

形态特征：落叶乔木，高达 25 m。树皮灰褐色，深纵裂，木栓层甚厚。小枝淡黄褐色，初被疏毛，后无毛。叶长圆状披针形至椭圆形，边缘有刺芒状尖锯齿，表面暗绿色，无毛，背面密被灰白色星状毛层。壳斗碗形，鳞片锥形，反曲，有毛；坚果卵圆形或短柱状球形，约 1/2 以上包于壳斗中。花期 4～5 月，果熟期 9～10 月。

分　　布：太行山、伏牛山、大别山和桐柏山区均产，本区南园广泛分布。生于山坡杂木林，为湿地公园山地优势树种。

功用价值：可供用材，生产软木。栎实含淀粉，壳斗、树皮可提取栲胶。

壳斗

壳斗、坚果

树干、树皮

枝、叶、壳斗、坚果

枝、叶、雄花序－柔荑花序

植株

植株

62. 槲栎

学　　名：*Quercus dentata* Thunb.

属　　名：栎属 *Quercus* Linn.

形态特征：落叶乔木，高达 30 m。小枝粗，无毛。叶长椭圆状倒卵形或倒卵形，具波状钝齿，老叶下面被灰褐色细绒毛或近无毛，侧脉 10～15 对；叶柄 1～3 cm；壳斗杯状，高 1～1.5 cm，径 1.2～2 cm，小苞片卵状披针形，长约 2 mm，紧贴，被灰白色短柔毛。坚果长圆柱形，1/3～1/2 包于壳斗内。花期 4～5 月，果熟期 9～10 月。

分　　布：产于河南各山区，本区少量分布。生于山坡杂木林。

功用价值：木材为环孔材，边材灰白色，心材黄色。叶含蛋白质，种子含淀粉。

壳斗、坚果

枝、叶、壳斗、坚果

雄花序

植株

63. 锐齿槲栎

学　　名：*Quercus aliena* var. *acutiserrata* Maxim. ex Wenzig

属　　名：栎属 *Quercus* Linn.

形态特征：本变种与原变种不同处，叶缘具粗大锯齿，齿端尖锐，内弯，叶背密被灰色细绒毛，叶片形状变异较大。花期 3～4 月，果期 10～11 月。

分　　布：河南各山区均产，本区南园少量分布。生于山坡杂木林。

功用价值：木材为环孔材，边材灰白色，心材黄色。叶含蛋白质。种子含淀粉。

壳斗、坚果

树干、树皮

枝、叶、果

枝、叶、雄花序

植株

三二、商陆科 Phytolaccaceae

64. 垂序商陆

学　　名：*Phytolacca americana* Linn.

属　　名：商陆属 *Phytolacca* Linn.

形态特征：多年生草本，高 1~2 m。根粗大，肉质。茎直立，圆柱形，无毛，常紫红色。叶卵状长圆形至长圆状披针形，长 10~30 cm，两端尖。总状花序长 5~20 cm；花白色，直径 6 mm；萼片 5 个；雄蕊 10 枚；心皮 10 个，合生，花柱 10 个。果穗下垂，浆果球形，红紫色。花期 6~8 月，果熟期 8~9 月。

分　　布：河南各处均产，本区广泛分布。生于消落带、岸边、山坡林缘及荒地。

功用价值：根供药用，种子利尿，叶有解热作用，并治脚气，但毒性较大，需谨慎。全草可作农药。

花序、花果期　　　　　　　　　　　　　　植株

65. 商陆

学　　名：*Phytolacca acinosa* Roxb.

属　　名：商陆属 *Phytolacca* Linn.

形态特征：多年生草本，全株无毛。根肉质，倒圆锥形。茎肉质，绿色或红紫色，多分枝。叶薄纸质，椭圆形或披针状椭圆形，先端尖或渐尖，基部楔形；总状花序圆柱状，直立，多花密生，两性，花被片 5 个，白色或黄绿色，椭圆形或卵形；雄蕊 8~10 枚，花丝宿存，花药粉红色，心皮分离。果序直立，浆果扁球形，紫黑色；种子肾形，黑色。

分　　布：河南各处均产，本区广泛分布。生于消落带、岸边、山坡林缘及荒地。

功用价值：根入药，本品有毒，慎用！全草可作农药，煮液可防治蚜虫、红蜘蛛；粉剂对棉花角斑病及稻热病有抑制作用。根也可作兽药。果实含鞣质，可提制栲胶。嫩茎叶可作蔬菜（慎用！）。

成熟果序　　　　　　　花序　　　　　　　植株

三三、藜科 Chenopodiaceae

66. 土荆芥

学　　名：*Dysphania ambrosioides* (Linnaeus) Mosyakin & Clemants

属　　名：腺毛藜属 *Dysphania* R. Br.

形态特征：一年生或多年生草本，全株有芳香气味。茎直立，多分枝，有棱角；分枝细弱，有腺毛或无毛。叶矩圆状披针形至披针形，基部渐狭成短柄，边缘具不整齐的牙齿，背面有黄色腺点，沿脉疏生柔毛。花序穗状，腋生；花两性或雌性；花被5裂，雄蕊5枚。胞果扁球形；种子红褐色，光亮。花期6~8月，果熟期7~9月。

分　　布：河南各地有栽培，现逸为野生，本区广泛分布。生于消落带、岸边荒地。

功用价值：全草可提取土荆芥油，药用。也可作农药。

叶背面

茎、花序、花

茎叶

67. 尖头叶藜

学　　名：*Chenopodium acuminatum* Willd.

属　　名：藜属 *Chenopodium* Linn.

形态特征：一年生草本，茎直立，多分枝，有绿色条纹。枝通常细弱。叶有短柄，卵形或宽卵形，先端圆钝或急尖，具短尖头，基部宽楔形或近截平，全缘，通常有红色或黄褐色半透明的边缘，表面无毛，淡绿色，背面被粉粒，灰白色。花序穗状或圆锥状；花两性；花被片5个，果时背部增厚成五角星状。花期6~8月，果熟期8~9月。

分　　布：产于河南淮河以北平原地区、伏牛山区等，本区广泛分布。生于消落带、岸边及山坡林缘荒地。

功用价值：幼苗可作蔬菜。

花序及花

叶

植株

68. 狭叶尖头叶藜

叶

学　　名：*Chenopodium acuminatum* subsp. *virgatum* (Thunb.)

属　　名：藜属 *Chenopodium* Linn.

形态特征：与原种的区别：叶狭卵形、长圆形至披针形，长度显著大于宽度。

分　　布：河南各地均有分布，本区广泛分布。生于消落带、岸边及山坡林缘荒地。

功用价值：同原种。

花

茎、叶、花序

69. 小藜

学　　名：*Chenopodium ficifolium* Sm.

属　　名：藜属 *Chenopodium* Linn.

形态特征：一年生草本。茎直立，多分枝，有条纹。叶长卵形或长圆形，先端钝，基部楔形，边缘有波状牙齿，下部叶基部有 2 个较大裂片，两面疏被粉粒；叶柄细弱。花序穗状或圆锥状，顶生或腋生；花两性，黄绿色，花被片 5 个。胞果包于花被内，果皮膜质，有明显蜂窝状网纹；种子圆形，边缘有棱，黑色，花期 5~8 月，果熟期 6~9 月。

分　　布：河南各地均产，本区广泛分布。生于消落带、岸边及山坡林缘荒地。

功用价值：幼嫩茎叶可作蔬菜，也可作饲料。

叶

花序及花

植株

70. 藜　灰灰菜

学　　名：*Chenopodium album* L.

属　　名：藜属 *Chenopodium* Linn.

形态特征：一年生草本，茎直立，粗壮，有棱和绿色或紫色条纹，多分枝，枝上升或开展。基生叶和茎下部叶有长柄，菱状卵形，先端急尖或微钝，基部宽楔形，边缘有不整齐锯齿，背面灰绿色，有粉粒。花两性，黄绿色；花被片 5 个。种子横生，光亮，表面有不明显沟纹及洼点。花期 6~8 月，果熟期 7~9 月。

分　　布：河南各地均产，本区广泛分布。生于消落带、岸边及山坡林缘荒地。

功用价值：嫩茎叶可食，因含少量咔啉物质，不宜多食和长期食用。全草入药。种子榨油供工业及食用。

花序

叶背面、泡状粉

叶正面

植株

71. 地肤

学　　名：*Kochia scoparia* (Linn.) Schrad.

属　　名：地肤属 *Kochia* Roth

形态特征：一年生草本。茎直立，多分枝。分枝斜上，淡绿色或浅红色，具短柔毛。叶互生，披针形或线状披针形，两面具短柔毛；花两性或雌性，通常 1~3 个生于叶腋，集成稀疏的穗状花序；花被 5 裂；雄蕊 5 枚，花柱极短，柱头 2 个，线形。胞果扁球形，包于花被内，种子横生，扁平。花期 7~9 月，果熟期 9~10 月。

分　　布：河南各地均产，本区广泛分布。生于消落带、岸边。

功用价值：种子含油，供食用及工业用。种子及全株药用；嫩茎叶可作蔬菜。

花　　　　　　　　　花序　　　　　　　　　植株

三四、苋科 Amaranthaceae

72. 反枝苋

学　　名：*Amaranthus spinosus* Linn.

属　　名：苋属 *Amaranthus* Linn.

形态特征：一年生草本。茎直立，稍有钝棱，密生短柔毛。叶菱状卵形或椭圆状卵形，具小芒尖，全缘；花单性或杂性，集成顶生的圆锥花序；苞片与小苞片干膜质，钻形，有芒针；花被片 5 个，白色，膜质，具一淡绿色中脉。胞果扁球形、盖裂。花期 6~8 月，果熟期 8~9 月。

分　　布：河南各地均产，本区广泛分布。生于消落带、岸边、山坡荒地及路旁。

功用价值：幼嫩茎叶可作野菜，也可作饲料。

茎、叶、花序　　　　　　　花序　　　　　　　　茎、叶

73. 苋

学　　名：*Amaranthus tricolor* Linn.

属　　名：苋属 *Amaranthus* Linn.

形态特征：一年生草本。茎粗壮有钝棱，红色或绿色，通常有分枝，无毛或稍有细毛。叶卵状椭圆形至披针形，长 4~10 cm，宽 2~7 cm，全缘或波状，除绿色外，常呈红色、紫色、黄色或绿紫杂色；花密集成球形花簇，腋生或密生成顶生下垂的穗状花序；花被片 3 个，矩圆形具芒尖。胞果矩圆形，盖裂。花期 6~7 月，果熟期 7~9 月。

分　　布：河南各地均产，本区广泛分布。生于消落带、岸边、山坡荒地及路旁。

功用价值：为夏季蔬菜。全草入药。

叶　　　　　　　　　　花序　　　　　　　　　　植株

74. 皱果苋

学　　名：*Amaranthus viridis* L.

属　　名：苋属 *Amaranthus* Linn.

形态特征：一年生草本，高 40~80 cm。全株无毛。茎直立，少分枝。叶卵形至卵状椭圆形，具小芒尖，基部近截形，全缘；花单性或杂性，成腋生穗状花序或再集成大型顶生圆锥花序；小花被片 3 个，膜质。胞果扁球形，不开裂，极皱缩，超出宿存花被，种子黑色，有光泽。花期 7~8 月，果熟期 8~9 月。

分　　布：河南各地均产，本区广泛分布。生于消落带、岸边、山坡荒地及草丛。

功用价值：幼嫩茎叶可作野菜或饲料。全草供药用。也可作兽药。

果实　　　　　　　　　　果序　　　　　　　　　　茎、叶、花序

75. 凹头苋

学　　名：*Amaranthus blitum* L.

属　　名：苋属 *Amaranthus* Linn.

形态特征：一年生草本，全株无毛，茎平卧或斜上，由基部多分枝，淡绿色或带褐色，有光泽，叶卵形或菱状卵形。花单性或杂性，花成腋生花簇，直至下部叶的腋部，生在茎端和枝端者成直立穗状花序或圆锥花序；花被片3个，黄绿色。胞果卵形，不开裂，略有皱缩，近平滑，超出宿存花被。花期7~8月，果熟期8~9月。

分　　布：河南各地均产，本区广泛分布。生于消落带、岸边、山坡荒地及草丛。

功用价值：幼嫩茎叶可作野菜，也可作饲料。全草入药。

花序

果实

茎、叶

76. 青葙

学　　名：*Celosia argentea* Linn.

属　　名：青葙属 *Celosia* Linn.

形态特征：一年生草本，高30~100 cm。全株无毛。茎直立，有分枝。叶矩圆状披针形至披针形，基部渐狭而下延成界限不清的叶柄，全缘，两面绿色，有时具红色斑点。穗状花序圆柱形；苞片、小苞片与花被片干膜质，光亮，淡红色。胞果卵形，种子肾状圆形，黑色，有光泽。花期7~9月，果熟期8~10月。

分　　布：河南各地均产，本区广泛分布。生于消落带及岸边草丛。

功用价值：全株入药。幼嫩茎叶可作蔬菜。种子含油，供食用及工业用。

花

茎、叶、花序

植株

77. 牛膝

学　　名：*Achyranthes bidentata* Bl.

属　　名：牛膝属 *Achyranthes* Linn.

形态特征：多年生草本。茎有棱角或四方形；枝几无毛，节部膝状膨大，有分枝；叶片椭圆形或椭圆披针形，顶端尾尖，基部楔形或宽楔形；花被片5个，绿色；雄蕊5枚，基部合生，退化雄蕊顶端平圆，具缺刻状细齿。胞果矩圆形，黄褐色，光滑；种子矩圆形，黄褐色。花期7~9月，果熟期9~10月。

分　　布：河南各地均产，本区南园广泛分布。生于消落带、岸边、山坡林下及林缘灌丛。

功用价值：根入药。可作兽药。全草可作农药，可防治棉蚜、螟虫；对小麦秆锈病菌夏孢子与马铃薯晚疫病菌孢子发芽均有抑制作用。

花序

叶

茎节、叶、花序

植株

78. 空心莲子草　喜旱莲子草

学　　名：*Alternanthera philoxeroides* (Mart.) Griseb.

属　　名：莲子草属 *Alternanthera* Forsk.

形态特征：多年生草本，茎匍匐，上部上升，具分枝，幼茎及叶腋被白色或锈色柔毛，老时无毛。叶长圆形、长圆状倒卵形或倒卵状披针形，先端尖或圆钝，具短尖，基部渐窄，全缘，两面无毛或上面被平伏毛，下面具颗粒状突起；头状花序具花序梗，单生叶腋，白色花被片长圆形，具短柄。花期 7~10 月，果熟期 8~11 月。

分　　布：河南各地均产，本区广泛分布。生于浅水区或消落带湿地，可适应水生、湿地和旱生环境。

功用价值：可作饲料，根与全草供药用。

花序

茎中空

直立茎、叶、花序显著具柄

葡匐茎、直立茎、叶、花序

79. 莲子草

茎、叶、花序无柄

学　　名：*Alternanthera sessilis* (L.) R.Br. ex DC.

属　　名：莲子草属 *Alternanthera* Forsk.

形态特征：一年生草本。茎匍匐或斜上，多分枝，具纵沟，沟内有柔毛，在节处有 1 行横生柔毛。叶线状披针形或倒卵状矩圆形，先端尖或钝，基部渐狭成短柄，全缘或有不明显的锯齿。头状花序腋生，无总梗；苞片、小苞片与花被片白色，膜质，宿存；胞果倒心形，边缘有狭翅。花期 7~9 月，果熟期 8~10 月。

分　　布：河南各地均产，本区广泛分布。生于浅水区或消落带湿地。耐旱亦耐涝。

功用价值：嫩茎叶作野菜和饲料。全草供药用。

茎实心

植株

三五、马齿苋科 Portulacaceae

80. 马齿苋

花

学　　名：*Portulaca oleracea* Linn.

属　　名：马齿苋属 *Portulaca* Linn.

形态特征：一年生草本，常匍匐、肉质，无毛。茎圆筒形，光亮带紫色。叶楔状矩圆形或倒卵形。花 3~5 朵生枝端，直径 3~4 mm，无梗；萼片 2 个；花瓣 5 个，黄色。蒴果盖裂；种子多数，肾状卵形，直径不足 1 cm，黑色有小疣状突起。花期 5~9 月，果熟期 6~10 月。

分　　布：河南各地均产，本区广泛分布。生于消落带湿地、旱地。耐旱亦耐涝。

功用价值：全草入药。又可作兽药。亦可作农药，浸液对马铃薯晚疫病菌孢子和小麦叶锈病菌夏孢子发芽有抑制作用。嫩茎叶可作蔬菜和饲料。

叶、花

植株

三六、粟米草科 Molluginaceae

81. 粟米草

学　　名：*Mollugo stricta* Linn.

属　　名：粟米草属 *Mollugo* Linn.

形态特征：一年生铺散草本。茎纤细，多分枝，具棱，无毛，老茎常淡红褐色。叶 3～5 近轮生或对生，茎生叶披针形或线状披针形，全缘，中脉明显；叶柄短或近无柄；花小，聚伞花序梗细长，顶生或与叶对生；花被片 5 个，淡绿色，雄蕊 3 枚；蒴果近球形，3 瓣裂；种子肾形，深褐色，具多数颗粒状突起。6～8 月开花，8～10月结果。

分　　布：河南各地均产，本区广泛分布。生于消落带及岸边潮湿处。

功用价值：消落带湿地水质净化。全草入药。

果实

花

花序

茎节、叶、花序、花

植株

三七、石竹科 Caryophyllaceae

82. 无心菜　蚤缀

学　　名：*Arenaria serpyllifolia* L.

属　　名：开心菜属 *Arenaria* L.

形态特征：一年生草本。茎丛生，密被白色柔毛。叶卵形，先端尖，基部稍圆，两面疏被柔毛，具缘毛；花梗细直，密被柔毛或腺毛；萼片5个，卵状披针形，长3~4 mm，具3脉，被柔毛或腺毛；花瓣5个，白色，倒卵形，短于萼片，全缘；雄蕊10枚，短于萼片；花柱3个。蒴果卵圆形；种子小，肾形，淡褐色。花期6~8月，果期8~9月。

分　　布：河南各地均产，本区广泛分布。生于消落带及岸边荒地。

功用价值：幼苗可作蔬菜，全草入药。

花

花期

花序

叶、花

植株

83. 球序卷耳

学　　名：*Cerastium glomeratum* Thuill.

属　　名：卷耳属 *Cerastium* Linn.

形态特征：一年生草本，高达 20 cm。茎密被长柔毛，上部兼有腺毛。下部叶匙形，上部叶倒卵状椭圆形，两面被长柔毛，具缘毛。聚伞花序密集成头状，花序梗密被腺柔毛；花梗和苞片密被柔毛；萼片 5 个，密被长腺毛，花瓣 5 个，白色，先端 2 裂，基部疏被柔毛；花柱 5 个。蒴果长圆筒形，长于宿萼，具 10 齿。花期 3～4 月，果期 5～6 月。

分　　布：产于伏牛山南部、大别山和桐柏山区，本区广泛分布。生于消落带及岸边荒地草丛中。分布于长江流域各省区。

功用价值：幼苗可作蔬菜，全草入药。

花

叶

花序

84. 缘毛卷耳

学　　名：*Cerastium furcatum* Cham. et Schlecht.

属　　名：卷耳属 *Cerastium* Linn.

形态特征：多年生草本。茎单生或丛生，近直立，被长柔毛，上部兼有腺毛。基生叶匙形，茎生叶卵状披针形，基部近圆形或楔形，稍被柔毛；聚伞花序具 5 ~ 11 朵花；萼片长圆状披针形，长约 5 mm，被柔毛；花瓣长圆形或倒卵形，先端 2 裂，基部具缘毛；花柱 5 个；蒴果圆筒形；种子褐色，扁圆形，具小疣。花期 5 ~ 8 月，果期 8 ~ 9 月。

分　　布：河南各地均产，本区广泛分布。生于消落带及岸边荒地。

功用价值：幼苗可作蔬菜，全草入药。

| 花正面 | 花 | 花侧面 |

| 花序 | 叶 | 植株 |

85. 鹅肠菜　牛繁缕

学　　名：*Myosoton aquaticum* (Linn.) Moench.

属　　名：鹅肠菜属（牛繁缕属）*Myosoton* Moench.

形态特征：二年生或多年生草本。茎多分枝，下部伏卧，上部直立。叶膜质，卵形或宽卵形；上部叶无柄或柄极短。花单生叶腋或成聚伞花序；萼片5个，基部稍连合，外面有短柔毛；花瓣5枚，白色，较萼片长，先端二深裂；花柱5个，线形。蒴果卵圆形，5瓣裂，每裂瓣顶端2裂。花期3~8月，果熟期6~9月。

分　　布：河南各地均产，本区广泛分布。生于消落带及岸边荒地。

功用价值：幼苗可作蔬菜或作饲料。

花

花序

茎、叶

茎、叶、花序

86. 繁缕

学　　名：*Stellaria media* (L.) Vill.

属　　名：繁缕属 *Stellaria* Linn.

形态特征：一年生或二年生草本。茎俯仰或上升。叶片宽卵形或卵形，全缘；基生叶具长柄，上部叶常无柄或具短柄。疏聚伞花序顶生；萼片5个，卵状披针形，外面被短腺毛；花瓣白色，长椭圆形，比萼片短，深2裂达基部；花柱3个，线形。蒴果卵形，稍长于宿存萼；种子卵圆形至近圆形，红褐色。花期6~7月，果期7~8月。

分　　布：河南各地均产，本区广泛分布。生于消落带及岸边荒地。

功用价值：嫩茎叶可作蔬菜，也可作猪饲料。

花

花序

植株

三八、蓼科 Polygonaceae

87. 齿果酸模

学　　名：*Rumex dentatus* Linn.

属　　名：酸模属 *Rumex* Linn.

形态特征：一年生草本。茎直立。茎下部叶长圆形或长椭圆形，基部圆形或近心形。花序总状，顶生和腋生，花两性；外花被片椭圆形，长约2 mm；内花被片果时增大，三角状卵形，边缘每侧具2~4个直伸针状刺；瘦果卵形，具3锐棱，两端尖，黄褐色，有光泽。花期5~6月，果期6~7月。

分　　布：河南各地均产，本区广泛分布。生于消落带及岸边湿地。

功用价值：浅水区及消落带湿地水质净化。根和叶入药，也可作农药，浸液可防治棉蚜、红蜘蛛及菜青虫。嫩叶可食。

植株

内轮花被片及刺状齿、瘤状突起

叶

88. 皱叶酸模

学　　名：*Rumex crispus* Linn.

属　　名：酸模属 *Rumex* Linn.

形态特征： 多年生草本。根粗壮，黄褐色。茎直立，不分枝或上部分枝。基生叶披针形或狭披针形，基部楔形，边缘皱波状；托叶鞘膜质，易破裂。花序狭圆锥状；花两性，淡绿色；花梗细，中下部具关节，关节果时稍膨大；花被片6个，内花被片果时增大，基部近截形，边缘近全缘或有不明显牙齿，全部具小瘤。花期5～6月，果期6～7月。

分　　布： 河南伏牛山区均产，本区广泛分布。生于消落带及岸边湿地。

功用价值： 浅水区及消落带湿地水质净化。根及叶入药。根含鞣质，可提制栲胶。种子含油，供工业用。根含淀粉，可酿酒。嫩叶可作野菜及绿肥。也可作农药。

果期

果熟期、内轮花被片及瘤状突起

花期

植株

89. 萹蓄

学　　名：*Polygonum aviculare* L.

属　　名：蓼属 *Polygonum* L.

形态特征：一年生草本。茎平卧或直立，自基部分枝，有棱角。叶具短柄或几无柄，狭椭圆形或披针形，基部楔形，无毛；叶长 1.5~3 cm；托叶鞘膜质，下部褐色，上部白色透明，有明显脉纹。花 1~5 个簇生叶腋；花被 5 深裂，雄蕊 8 枚。果实具点状线纹，长 2 mm 以上。花期 5~9 月，果熟期 6~10 月。

分　　布：产于河南各地，本区广泛分布。生于消落带潮湿处。

功用价值：消落带防水土流失，全草入药。

花

茎、叶、花

植株

90. 习见蓼

学　　名：*Polygonum plebeium* R. Br.

属　　名：蓼属 *Polygonum* L.

形态特征：一年生草本。茎平卧，多分枝。叶线形，长 4~8 mm，宽 1~2 mm；托叶鞘膜质，透明，多裂。花通常 3~4 朵簇生叶腋，具短梗，花被 5 裂，裂片矩圆形；雄蕊 5 枚，与花被裂片互生；花柱短，3 裂。瘦果具 3 棱，黑色或褐色，平滑，光亮。花期 5~9 月，果熟期 6~10 月。

分　　布：产于河南各地，本区广泛分布。生于消落带潮湿处。

功用价值：全草入药，也可作饲料。

花

花期

植株

91. 杠板归

学　　名：*Polygonum perfoliatum* Linn.

属　　名：蓼属 *Polygonum* L.

形态特征：一年生草本。茎攀缘，多分枝，具纵棱，沿棱具稀疏的倒生皮刺。叶三角形，下面沿叶脉疏生皮刺；叶柄与叶片近等长，具倒生皮刺，盾状着生于叶片的近基部；托叶鞘叶状，穿叶。总状花序呈短穗状，不分枝顶生或腋生；苞片卵圆形，每苞片内具花 2～4 朵；花被 5 深裂，白色或淡红色，果时增大，呈肉质，深蓝色；雄蕊 8 枚。瘦果球形，黑色，有光泽。花期 6～8 月，果期 7～10 月。

果期

分　　布：产于河南各地，本区广泛分布。生于消落带及岸边潮湿处。

功用价值：全草入药，又可作农药，防治蔬菜害虫。根皮含鞣质，可提制栲胶。叶可提制靛蓝，用于印染及墨水、油漆、靛蓝衍生物之制造。

叶、钩刺

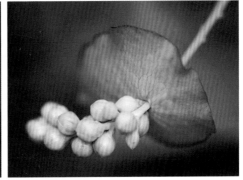

花序

花

植株

92. 红蓼　荭草

学　　名：*Polygonum orientale* Linn.

属　　名：蓼属 *Polygonum* L.

形态特征：一年生草本，高 2～3 m。茎直立，密生长毛。叶有长柄，卵形或宽卵形，基部近圆形，两面疏生长毛；托叶鞘筒状，下部膜质，褐色，上部草质，绿色，常有叶状环翅。花序圆锥状；苞片宽卵形；花淡红色，花被 5 深裂，裂片椭圆形；雄蕊 7 枚，长于花被。瘦果近圆形，扁平，黑色，有光泽。花期 7～9 月，果熟期 8～10 月。

分　　布：产于河南各地，本区广泛分布。生于浅水区、消落带及岸边。适生于浅水、湿生及旱生生境。

功用价值：浅水区及消落带湿地水质净化。全株均可入药。叶可作农药，能防治棉蚜虫。全草也可作饲料。

花

茎、托叶鞘

叶

茎、叶、花序

植株

93. 酸模叶蓼

学　　名：*Polygonum lapathifolium* Linn.

属　　名：蓼属 *Polygonum* L.

形态特征：一年生草本，高达 90 cm。茎直立，分枝，节部膨大。叶披针形或宽披针形，先端渐尖或尖，基部楔形，上面常具黑褐色新月形斑点，托叶鞘顶端平截；数个穗状花序组成圆锥状，花序梗被腺体，花被 4(5) 深裂，淡红色或白色，花被片椭圆形，顶端分叉，外弯；雄蕊 6 枚，花柱 2 个。花期 7～9 月，果熟期 8～10 月。

分　　布：产于河南各地，本区广泛分布。生于浅水区、消落带湿地。

功用价值：浅水区及消落带湿地水质净化。果实及茎叶入药。

花序、花

茎、节、托叶鞘

叶

植株

94. 春蓼 桃叶蓼

学　　名：*Polygonum persicaria* Linn.

属　　名：蓼属 *Polygonum* L.

形态特征：一年生草本，茎直立或上升。叶披针形或椭圆形，顶端渐尖或急尖，基部狭楔形，上面近中部有时具黑褐色斑点，托叶鞘筒状，顶端截形；总状花序呈穗状，苞片漏斗状，紫红色，具缘毛，每苞内含 5~7 朵花，花被通常 5 深裂，紫红色，长圆形；雄蕊 6~7 枚，花柱 2~3 个，中下部合生。花期 6~9 月，果期 7~10 月。

分　　布：产于河南各地，本区广泛分布。生于消落带水旁、湿地。

功用价值：浅水区及消落带湿地水质净化。全草入药。

花序、花

花

茎、节、托叶鞘

植株

95. 蚕茧草　蚕茧蓼

学　　名：*Polygonum japonicum* Meisn.

属　　名：蓼属 *Polygonum* L.

形态特征：直立草本。茎棕褐色，单一或分枝，节部常膨大。叶披针形，先端渐尖，两面有短伏毛和细小腺点，有时无毛，但中脉、侧脉和边缘有紧贴刺毛；托叶鞘筒状，有紧贴刺毛，顶端缘毛较鞘筒短。穗状花序长达 10 cm 以上；苞片有缘毛；花被白色或淡红色；花柱 2 个。瘦果卵圆形，两面凸出。花期 8～9 月，果熟期 9～10 月。

分　　布：产于河南各地，本区广泛分布。生于消落带水旁、湿地。

功用价值：浅水区及消落带湿地水质净化。全草入药。茎叶可作农药，能防治豆蚜、军配虫、红蜘蛛。

花

花序

茎、叶、托叶鞘　　　　　　　　　植株

96. 水蓼　辣蓼

学　　名：*Polygonum hydropiper* L.

属　　名：蓼属 *Polygonum* L.

形态特征：一年生草本，高达 70 cm。茎直立，多分枝，无毛。叶披针形或椭圆状披针形，先端渐尖，基部楔形，具辛辣味，叶腋具闭花受精花，托叶鞘具短缘毛；穗状花序下垂，花稀疏，花被 (4)5 深裂，绿色，上部白色或淡红色，椭圆形；雄蕊较花被短，花柱 2~3 个；瘦果卵形，扁平。花期 7~8 月，果熟期 8~9 月。

分　　布：产于河南各地，本区广泛分布。生于消落带水旁、湿地。

功用价值：浅水区及消落带湿地水质净化。全草入药，也可作调料。全草又可作农药。

花

叶

花序

植株

97. 长鬃蓼

学　　名： *Polygonum longisetum* De Br.

属　　名： 蓼属 *Polygonum* L.

形态特征： 一年生草本。茎直立、上升或基部近平卧，自基部分枝，无毛，节部稍膨大。叶上面近无毛，下面沿叶脉具短伏毛，边缘具缘毛；托叶鞘筒状，长 7 ~ 8 mm，疏生柔毛，顶端截形，缘毛长 6 ~ 7 mm。总状花序呈穗状，顶生或腋生；苞片漏斗状，无毛，边缘具长缘毛，花梗与苞片近等长；花被 5 深裂，淡红色或紫红色，花柱 3 个。花期 6 ~ 8 月，果期 7 ~ 9 月。

分　　布： 产于河南各地，本区广泛分布。生于消落带水旁、湿地。

功用价值： 浅水区及消落带湿地水质净化。全草入药，也可作调料。全草又可作农药。

花序

花序及花

茎、节、托叶鞘、叶

植株

98. 何首乌

学　　名：*Fallopia multiflora* (Thunb.) Haraldson

属　　名：何首乌属 *Fallopia* Adans.

形态特征：多年生草本，具有肉质块根，无白色乳汁。茎缠绕，中空，多分枝，基部木质化。叶卵形，两面无毛；托叶鞘短筒形，膜质。花序圆锥状，顶生或腋生；苞片卵状披针形；花小，白色；花被5深裂，裂片大小不等，在果时增大，3片肥厚，背部有翅；雄蕊8枚，短于花被；花柱3个。瘦果三棱形，黑色，有光泽。花期7~9月，果熟期8~10月。

分　　布：河南各山区均产，本区南园广泛分布。生于消落带、岸边及山坡灌丛。

功用价值：根、茎、叶均入药。块根含有淀粉，可酿酒。全草捣烂浸汁，可防治蚜虫、红蜘蛛和稻螟。鲜叶捣烂加水浸泡后也可杀蛆。

花　　　　　　　　　　　　　　　　　花果期

植株

99. 蔓首乌 卷茎蓼

学　　名：*Fallopia convolvulus* (L.) Á. Löve

属　　名：何首乌属 *Fallopia* Adans.

形态特征：一年生草本。茎缠绕，粗糙或疏生柔毛。叶有柄，卵形，先端渐尖，基部宽心脏形，无毛或沿脉和边缘疏生短毛；托叶鞘短，斜截形。花序穗状，腋生；苞片卵形；花淡绿色；花被5深裂，裂片在果时稍增大，有时具突起的肋或狭翅；雄蕊8枚，短于花被；花柱极短，柱头头状。瘦果卵形，有3棱。花期6~8月，果熟期7~9月。

分　　布：太行山和伏牛山区均产，本区南园广泛分布。生于消落带、岸边及山坡灌丛。

功用价值：民间药用。

茎、节、托叶　　　　　植株　　　　　花序

三九、锦葵科 Malvaceae

100. 苘麻

学　　名：*Abutilon theophrasti* Medicus

属　　名：苘麻属 *Abutilon* Mill.

形态特征：一年生亚灌木状草本，高达1~2 m，茎枝被柔毛。叶互生，圆心形；叶柄被星状细柔毛。花单生于叶腋；花萼杯状，密被短绒毛，裂片5，卵形；花黄色，花瓣倒卵形。蒴果半球形，直径约2 cm，长约1.2 cm，分果爿15~20个，被粗毛，顶端具长芒2个；种子肾形，褐色，被星状柔毛。花期7~8月。

分　　布：产于河南省各地，本区广泛分布。生于消落带、岸边及山坡荒地。

功用价值：本种的茎皮纤维色白，具光泽，可编织麻袋、搓绳索、编麻鞋等。种子含油，供制皂、油漆和工业用润滑油。全草也作药用。

花　　　　　　叶、花、果实　　　　　植株、花、果实

101. 野西瓜苗

学　　名：*Hibiscus trionum* L.

属　　名：木槿属 *Hibiscus* L.

形态特征：一年生直立或平卧草本，茎柔软，被白色星状粗毛。叶二型，下部的叶圆形，不分裂，上部的叶掌状 3～5 深裂，通常羽状全裂，上面疏被粗硬毛或无毛，下面疏被星状粗刺毛。花单生于叶腋，花梗被星状粗硬毛；花萼钟形，淡绿色，被粗长硬毛或星状粗长硬毛，裂片 5，具纵向紫色条纹；花淡黄色，内面基部紫色，花瓣 5 枚。蒴果长圆状球形。花期 7～10 月。

分　　布：产于河南各地，本区广泛分布。生于消落带、岸边及山坡荒地。

功用价值：全草药用。

花序	果实
花	花、雌蕊、雄蕊
植株－果期	植株－花期

102. 马松子

学　　名：*Melochia corchorifolia* L.

属　　名：马松子属 *Melochia* L.

形态特征：半灌木状草本。枝黄褐色，略被星状短柔毛。叶薄纸质，卵形、矩圆状卵形或披针形，边缘有锯齿，基生脉 5 条；托叶条形。花排成顶生或腋生的密聚伞花序或团伞花序；萼钟状，5 浅裂；花瓣 5 枚，白色，后变为淡红色；雄蕊 5 枚，下部连合成筒，与花瓣对生；花柱 5 个，线状。蒴果圆球形，有 5 棱。花期夏秋季。

分　　布：产于大别山及伏牛山南部，本区少量分布。生于消落带、岸边及山坡草丛。

功用价值：茎皮富含纤维，可与黄麻混纺以制麻袋。

花序

茎、叶

植株

103. 田麻

学　　名：*Corchoropsis crenata* Sieb. & Zucc.

属　　名：田麻属 *Corchoropsis* Sieb. et Zucc.

形态特征：一年生草本。枝被星状柔毛。叶卵形或窄卵形，边缘有钝齿；花单生于叶腋，径 1.5～2 cm；有细梗；萼片 5 个，窄披针形，长 5 mm；花瓣 5 枚，黄色，倒卵形；发育雄蕊 15 枚，每枚连成束，退化雄蕊 5 枚，与萼片对生，匙状线形，长 1 cm；子房被星状柔毛；蒴果角状圆筒形，被星状柔毛。果期秋季。

分　　布：产于各山区，本区南园少量分布。生于消落带、岸边及山坡草丛。

功用价值：茎皮纤维可制作绳索及麻袋。

花

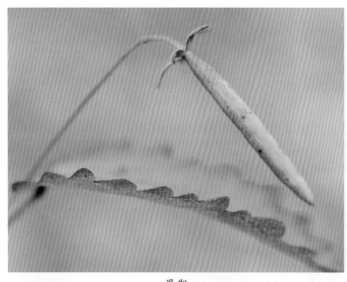

果期

茎、叶、花

果实

植株

叶

四〇、葫芦科 Cucurbitaceae

104. 马泡瓜

学　　名：*Cucumis melo* var. *agrestis* Naud.

属　　名：黄瓜属 *Cucumis* L.

形态特征：一年生草本。茎蔓生，每节有一根卷须。叶有柄，呈楔形或心脏形，叶面较粗糙，有刺毛。花黄色，雌雄同株同花，花冠具有3～5裂，子房长椭圆形，花柱袖长，柱头3枚。瓜皮颜色有青的、花的，白色有带青条的。种子淡黄色，扁平，长椭圆形，表面光滑，种仁白色。花果期夏季。

分　　布：产于河南各地，本区广泛分布。生于消落带、岸边荒地。

功用价值：可入药。

花

幼果

果实成熟期

植株－花期

植株－花果期

105. 栝楼

学　　名：*Trichosanthes kirilowii* Maxim.

属　　名：栝楼属 *Trichosanthes* L.

形态特征：攀缘藤本。块根圆柱状，粗大肥厚，富含淀粉，淡黄褐色，茎较粗。叶片纸质，常 3~5 (–7) 浅裂至中裂，基出掌状脉 5 条，细脉网状。卷须 3~7 歧，被柔毛。花雌雄异株。雄花总状花序长 10~20 cm，顶端有 5~8 朵花，单花花梗长约 15 cm；花萼筒状，全缘；花冠白色，裂片倒卵形，两侧具丝状流苏，被柔毛。雌花单生；裂片和花冠同雄花。果实椭圆形或圆形，成熟时黄褐色或橙黄色。花期 5~8 月，果期 8~10 月。

分　　布：产于河南各地，本区南园广泛分布。生于岸边林缘、灌丛及草地。

功用价值：根、果实、果皮和种子为传统的中药天花粉，根中蛋白称天花粉蛋白，有引产作用，可作避孕药。

果实

花

花侧面

植株

四一、杨柳科 Salicaceae

106. 腺柳

学　　名：*Salix chaenomeloides* Kimura

属　　名：柳属 *Salix* L.

形态特征：小乔木。枝暗褐色或红褐色，有光泽。叶椭圆形、卵圆形至椭圆状披针形，边缘有腺锯齿；叶柄先端具腺点。雄花序长 4 ~ 5 cm；花序梗和轴有柔毛；花药黄色，球形；雌花序长 4 ~ 5.5 cm；花序梗长达 2 cm；轴被绒毛。蒴果卵状椭圆形，长 3 ~ 7 mm。花期 4 月，果期 5 月。

分　　布：产于河南各山区，本区广泛分布。生于消落带。

功用价值：消落带及河流汇水区阻隔固体污染物、净化水质。木材供制家具、器具。树皮含鞣质，可提制栲胶。纤维供纺织及作绳索。枝条供编织。又为蜜源植物。

| 枝、叶 | 植株 | 果序 |

四二、十字花科 Brassicaceae

107. 广州葶菜　细子葶菜

学　　名：*Rorippa cantoniensis* (Lour.) Ohwi

属　　名：葶菜属 *Rorippa* Scop.

形态特征：一年生或二年生草本。高 10 ~ 30 cm，植株无毛；茎直立或呈铺散状分枝。基生叶具柄，基部扩大贴茎，叶片羽状深裂或浅裂；茎生叶渐缩小，基部抱茎，羽状浅裂。总状花序顶生，花黄色，近无柄，花朵生于叶状苞片腋部；萼片 4 个；花瓣 4 个；雄蕊 6 枚，近等长，花丝线形。短角果圆柱形。种子极多数，细小，红褐色。花期 3 ~ 4 月，果期 4 ~ 6 月（有时秋季也有开花结实的）。

分　　布：产于河南各地，本区广泛分布。生于田边路旁、山沟、河边或潮湿地。

功用价值：浅水区及消落带湿地水质净化。全草入药。幼苗可作野菜。

| 基生叶 | 植株 | 短角果，果柄极短 |

108. 沼生䓍菜

学　　名：*Rorippa palustris* (L.) Bess

属　　名：䓍菜属 *Rorippa* Scop.

形态特征：一年生或二年生草本，无毛。基生叶莲座状，羽状深裂，边缘有波状牙齿，有长柄；茎生叶向上渐小，羽状深裂或具齿，有短柄，其基部具耳状裂片而抱茎。花黄色，无苞片，花梗细弱。短角果椭圆形或近圆柱形；果瓣无中脉；果梗长 3~7 mm；种子稍扁，卵形，淡褐色，有密网纹。花期 4~7 月，果熟期 6~8 月。

分　　布：产于河南各地，本区广泛分布。生于潮湿环境或近水处、溪岸、路旁、田边、山坡草地及草场。

功用价值：浅水区及消落带湿地水质净化。种子含干性油，可供制肥皂、油漆等用。幼苗可作野菜食用。

花序、果　　　　　角果，果柄显著

花果期

基生叶

植株

109. 菥蓂 遏蓝菜

学　　名：*Thlaspi arvense* L.

属　　名：菥蓂属 *Thlaspi* L.

形态特征：一年生草本，无毛。茎直立，具棱。基生叶倒卵状长圆形，顶端圆钝或急尖，基部抱茎，边缘具疏齿。总状花序顶生；花白色，直径约 2 mm；花梗细；萼片直立；花瓣长圆状倒卵形，顶端圆钝或微凹。短角果倒卵形或近圆形，扁平，顶端凹入，边缘有翅。种子每室 2~8 个，倒卵形，稍扁平，黄褐色，有同心环状条纹。花期 3~4 月，果期 5~6 月。

分　　布：产于河南各地，本区广泛分布。生于平地路旁，沟边或村落附近。

功用价值：种子油供制肥皂，也作润滑油，还可食用。全草、嫩苗和种子均可入药。

荚果边缘有翅

花

植株

110. 北美独行菜

学　　名：*Lepidium virginicum* Linn.

属　　名：独行菜属 *Lepidium* L.

形态特征：一年生或二年生草本。茎直立，上部有分枝，具腺毛。基生叶有长柄，羽状分裂，边缘有锯齿；茎生叶有短柄，倒披针形或线形，先端急尖，基部渐狭。总状花序顶生；花瓣白色；雄蕊 2～4 枚。短角果近圆形，扁平，先端微凹，上方有窄翅；种子小，扁平，红褐色，无毛，边缘有透明窄翅。花期 4～5 月，果熟期 5～6 月。

分　　布：产于河南各地，本区广泛分布。生于消落带及岸边荒地。

功用价值：种子入药。全草可作饲料，幼苗可作野菜食用。

荚果边缘有翅　　　　　　　　茎、叶　　　　　　　　　花

植株

111. 荠 荠菜

学　　名：*Capsella bursa-pastoris* (L.) Medic.

属　　名：荠属 *Capsella* Medic.

形态特征：一年生或二年生草本，无毛、有单毛或分叉毛；茎直立，单一或从下部分枝。基生叶丛生呈莲座状，大头羽状分裂；茎生叶窄披针形或披针形，基部箭形，抱茎，边缘有缺刻或锯齿；总状花序顶生及腋生，花瓣白色，卵形，有短爪。短角果倒三角形或倒心状三角形，扁平，无毛，顶端微凹；种子浅褐色，长椭圆形。花果期4～6月。

分　　布：产于河南各地，本区广泛分布。生于消落带、山坡、田边及路旁。

功用价值：幼苗可作野菜。全草入药。种子含油，供制油漆及肥皂用。

花　　　　　　　　　　　　　　　　　　花序、短角果

基生叶

112. 碎米荠

学　　名：*Cardamine hirsuta* L.

属　　名：碎米荠属 *Cardamine* L.

形态特征：一年生或二年生草本。茎直立或斜上，分枝或不分枝，下部被白色硬毛。基生叶有柄，奇数羽状复叶；小叶 11 ~ 15 枚，顶生小叶圆卵形，长 4 ~ 14 mm，侧生小叶较小，歪斜，被硬毛；茎生小叶狭倒卵形。总状花序顶生；花白色；花瓣长圆形；花柱圆柱形，与花瓣等长。长角果狭线形，稍扁平，无毛。花期 4 ~ 5 月，果熟期 5 ~ 6 月。

分　　布：产于河南各地，本区广泛分布。生于山坡、路旁、荒地及耕地的草丛中。

功用价值：嫩茎叶可作野菜，全草入药。

花

枝、叶

基生叶

花、果序

植株

113. 播娘蒿

学　　名：*Descurainia sophia* (L.) Webb ex Prantl

属　　名：播娘蒿属 *Descurainia* Webb & Berthel.

形态特征：一年生草本。被分枝毛，茎下部毛多，向上渐少；茎直立，分枝多，常于下部成淡紫色。叶为 3 回羽状深裂，下部叶具柄，上部叶无柄。花序伞房状，果期伸长；萼片直立，早落；花瓣黄色，基部具爪。长角果圆筒状，无毛，种子间缢缩，开裂；果瓣中脉明显；种子每室 1 行，稍扁，淡红褐色，有细网纹。

分　　布：产于河南各地，本区广泛分布。生于山坡、田野及农田。

功用价值：消落带湿地水质净化。幼苗可作野菜。种子含油，油工业用，并可食用。

花　　　　　　　　　花果期　　　　　　　　　植株

114. 小花糖芥

学　　名：*Erysimum cheiranthoides* L.

属　　名：糖芥属 *Erysimum* L.

形态特征：一年生草本。高 15 ~ 50 cm。具伏生 2 ~ 4 叉状毛。茎直立，不分枝或分枝。叶无柄或近无柄，披针形或条形，先端急尖，基部渐狭，全缘或深波状。总状花序顶生；花梗长 2 ~ 3 mm；花淡黄色，直径约 5 mm。长角果长 2 ~ 2.5 cm，裂片具隆起中肋，有散生星伏毛；果梗斜向伸展，长 2 ~ 4 mm；种子卵形，淡褐色。

分　　布：产于河南各地，本区广泛分布。生于消落带及岸边荒地。

功用价值：幼苗可作野菜。全草入药。

花　　　　　　　　　长角果　　　　　　　　　植株

四三、柿科 Ebenaceae

115. 柿

学　　名：*Diospyros kaki* Thunb.

属　　名：柿属 *Diospyros* L.

形态特征：落叶乔木。树皮鳞片状开裂，灰黑色。小枝灰褐色，被褐色或棕色柔毛。叶椭圆状卵形、矩圆状卵形或倒卵形；新叶疏生柔毛，老叶上面有光泽，深绿色，下面淡绿色，有褐色柔毛；叶柄具毛。花雌雄异株或同株，雄花成短聚伞花序，雌花单生叶腋；花萼4深裂，果熟时增大；花冠白色，4裂，有毛。浆果卵圆形或扁球形，橙黄色至淡红色，花萼宿存。花期5~6月，果期9~10月。

分　　布：产于河南各地，中国特有。主要栽培于低山区及道路附近。

功用价值：观赏，食用，药用。柿子可提取柿漆（又名柿油或柿涩），用于涂鱼网、雨具，填补船缝和作建筑材料的防腐剂等。柿树木材致密质硬，强度大，韧性强，可作提琴的指板和弦轴等。

果实

果肉

花

枝、叶

植株

116. 野柿

学　　名：*Diospyros kaki* var. *silvestris* Makino

属　　名：柿属 *Diospyros* L.

形态特征：与原种的区别：小枝及叶柄常密被黄褐色柔毛，叶较栽培柿树的叶小，叶片下面的毛较多，花较小，果亦较小，直径2～5 cm。

分　　布：产于河南伏牛山、桐柏山及大别山区，本区南园零星分布。生于山坡杂木林或灌丛。

功用价值：同原种。

果实

叶正面

叶背面

枝、芽

植株

117. 君迁子

学　　名：*Diospyros lotus* L.

属　　名：柿属 *Diospyros* L.

形态特征：落叶乔木。高达 4～15 m。枝皮光滑不开裂；幼枝灰色，不开裂，有短柔毛。叶椭圆形至长椭圆形，先端渐尖，上面密生柔毛，后脱落，下面近白色；基部圆形至宽楔形，表面初密被柔毛，但后渐脱落，背面被短柔毛。雌雄异株，花单性，淡红色至淡黄色；花萼密生柔毛，3 裂。浆果球形，暗黑色至淡黄色，后则变为蓝黑色，有白蜡层。花期 5～6 月，果期 10～11 月。

分　　布：产于河南各山区，本区广泛分布。生于山坡杂木林或灌丛。

功用价值：果实可食用，维生素 C 原料。作嫁接柿树的砧木，木材用于建筑、造林。

枝、叶

果实

成熟果实

花

四四、安息香科 Styracaceae

118. 野茉莉

学　名：*Styrax japonicus* Sieb. et Zucc.

属　名：安息香属 *Styrax* L.

形态特征：落叶小乔木。高 4~8 m。树皮灰褐色或暗褐色，平滑。叶椭圆形至矩圆状椭圆形，顶端急尖或钝渐尖，基部楔形，边有浅锯齿。两面无毛或仅背面脉腋有白色柔毛；叶柄疏被星状短柔毛。花长 14~17 mm，单生叶腋或 2~4 朵成总状花序，花梗较长或等长于花，无毛；萼筒无毛。果近球形至卵形，顶具凸尖。花期 4~7 月，果期 9~11 月。

分　布：产于河南各山区，本区南园零星分布。生于山坡杂木林。

功用价值：用材树种。种子可提制工业用油，花美丽、芳香，可作庭园观赏植物。

花　　　　　　　果实

枝、叶、重叠芽

花

果序　　　　　　　植株

四五、紫金牛科 Myrsinaceae

119. 铁仔

学　　名：*Myrsine Africana* L.

属　　名：铁仔属 *Myrsine* L.

形态特征：常绿灌木。幼枝被锈色微柔毛。叶椭圆状倒卵形、近圆形、倒卵形、长圆形或披针形，先端钝圆，具短刺尖，基部楔形，中部以上具刺尖锯齿，下面常具小腺点，边缘较多；花簇生或近伞形花序，腋生，花 4 数，花萼基部微微连合，花冠基部连合成管；果球形，红色变紫黑色，光亮。花期 2~3 月，果期 10~11 月。

分　　布：产于伏牛山南部、桐柏山及大别山区，本区南园广泛分布。生于山坡林下或灌丛。

功用价值：适生性强，可用于石漠化治理。全株药用。可作树桩盆景及绿篱材料。

浆果状核果

花

叶

枝、叶

四六、报春花科 Primulaceae

120. 点地梅

学　　名：*Androsace umbellate* (Lour.) Merr.

属　　名：点地梅属 *Androsace* L.

形态特征：一年生或二年生草本。具多数须根。叶全部基生，近圆形或卵圆形，先端钝圆，基部浅心形至近圆形，边缘具三角状钝牙齿，两面均被贴伏的短柔毛。花莛通常数枚自叶丛中抽出，被白色短柔毛。伞形花序4~15朵花；苞片卵形至披针形；花梗纤细；花冠白色。蒴果近球形，果皮白色，近膜质。花期2~4月，果期5~6月。

分　　布：产于伏牛山南部、桐柏山及大别山区，本区广泛分布。生于山坡林下或灌丛。

功用价值：全株药用，可作树桩盆景及绿篱材料。

花　　　　　　　　　　　　　　　基生叶

植株、花序　　　　　　　　　　　　花序

四七、景天科 Crassulaceae

121. 垂盆草

学　　名：*Sedum sarmentosum* Bunge

属　　名：景天属 *Sedum* L.

形态特征：多年生草本，全株无毛，不育茎匍匐，节上生纤维状根；叶3枚轮生，倒披针形至长圆形，先端急尖，基部狭而有距，全缘，无柄。花序聚伞状，有3～5个分枝；萼片先端微尖，基部无距；花瓣黄色，披针形至长圆形；雄蕊较花瓣短。蓇葖果叉开；种子卵圆形，头状突起。花期5～7月，果期8月。

分　　布：河南各地均产，本区广泛分布。生于阴湿岩石上。

功用价值：全株药用。

枝、叶　　　　　　　　　　　　花

花序、花　　　　　　　　　　植株

122. 瓦松

学　　名：*Orostachys fimbriata* (Turc.) A. Berger.

属　　名：瓦松属 *Orostachys* (DC.) Fisch.

形态特征：多年生草本，高 10 ~ 40 cm。茎直立，单生。基生叶莲座状，匙状线形，茎生叶散生，线形至倒披针形。叶先端均有一半圆形软骨质的附属物，其边缘流苏状，中央有一长刺，干后有暗赤色圆点。穗状花序，呈塔形；萼片卵形，绿色；花瓣披针形至长圆形，淡红色。蓇葖果长圆形，长约 5 mm。花期 7 ~ 10 月，果实 8 月渐次成熟。

分　　布：河南各地均产，本区南园零星分布。生于岸边及山坡岩石上。

功用价值：全草入药，但有大毒，慎用！又可作农药，能防治棉蚜、黏虫、菜蚜等。也可制成叶蛋白供食用。又能提取草酸，供工业用。

植株　　　　　　花期

莲座状叶　　　　　　晚红瓦松花序

花　　　　　　花　　　　　　晚红瓦松植株

四八、虎耳草科 Saxifragaceae

123. 扯根菜

学　　名：*Penthorum chinense* Pursh

属　　名：扯根菜属 *Penthorum* Gronov. ex L.

形态特征：多年生草本。高 30 ~ 80 cm。中下部无毛，上部疏生黑褐色腺毛。根和茎均为紫红色。叶互生，披针形，先端长渐尖或渐尖，基部楔形，边缘有细锯齿。聚伞花序，多花；花序分枝与花梗均被褐色腺毛；花小型，黄白色。蒴果红紫色；种子多数，卵状长圆形，表面具小丘状突起。花果期 7 ~ 10 月。

分　　布：河南各地均产，本区广泛分布。生于湿地、消落带。

功用价值：浅水区及消落带湿地水质净化。全草药用。嫩苗可作野菜。

花序

叶

花序及花

植株

四九、蔷薇科 Rosaceae

124. 野山楂

学　　名：*Crataegus cuneata* Sieb. et Zucc.

属　　名：山楂属 *Crataegus* L.

形态特征：落叶灌木。高 1~2 m。枝有细短刺，小枝幼时具柔毛。叶倒卵形至倒卵状长圆形，先端常 3 裂，稀为 5~7 裂，基部楔形，下延至叶柄成窄翅，背面幼时具疏生柔毛，后脱落。伞房花序，总花梗与花梗均有柔毛；花白色。梨果球形，红色或黄色，有小核 4~5 个，内面两侧平滑。花期 4~5 月，果熟期 8~9 月。

分　　布：产于河南各山区，本区南园广泛分布。生于山谷、丘陵多石地带、山坡杂木林及灌丛。

功用价值：果实可食、酿酒或做山楂糕。叶、花及果实可入药。

果实

花

植株

枝、叶、果

125. 豆梨　棠梨

学　　名：*Pyrus calleryana* Decne.

属　　名：梨属 *Pyrus* L.

形态特征：落叶乔木，高 5～8 m。幼树常具枝刺。小枝圆柱形，褐色，幼时具绒毛。叶宽卵形或卵形，先端渐尖，基部圆形或宽楔形，边缘具圆钝锯齿。伞房花序有 6～12 朵花，总花梗和花梗无毛；花白色；花瓣宽卵形，具短爪；花柱 2 个，稀 3 个。梨果球形，褐色，直径 1～2 cm；萼裂片脱落。花期 4～5 月，果熟期 9～10 月。

分　　布：产于河南各山区，本区广泛分布。生于山坡杂木林及荒坡。

功用价值：常作梨树的砧木。木材坚硬，供制精细家具、雕刻图章或用作板面。果实含糖，可食用或酿酒。根、叶、花及果可入药。

花　　　　　　　　　　果实

果实　　　　　　　　　　花序

枝、花序　　　　　　　　叶　　　　　　　　植株

126. 杜梨　棠梨

学　　名：*Pyrus betulifolia* Bge.

属　　名：梨属 *Pyrus* L.

形态特征：落叶乔木，高达 10 m，常有枝刺。小枝紫褐色，幼枝、幼叶两面、总花梗、花梗和萼筒外面均生灰白色绒毛，叶菱状卵形或长卵形，边缘有尖锐粗锯齿；叶柄长 2～3 cm。伞房状花序，花白色；花瓣宽卵形，具短爪；花柱 2～3 个，离生。梨果 2～3 室，卵圆形，直径约 1 cm，褐色，有淡色斑点；萼裂片脱落。花期 3～4 月，果熟期 9～10 月。

分　　布：产于河南各山区，本区广泛分布。生于山坡杂木林及荒坡。

功用价值：果和枝叶入药。树皮及木材含有红色染料，供纸、绢、棉的染色及食品着色用；含有鞣质，可提取栲胶。果含糖，可食用或酿酒。

果实

花序、花　　　　　花　　　　　叶、花序

叶　　　　　　　　植株

127. 小果蔷薇　山木香

学　　名：*Rosa cymosa* Tratt.

属　　名：蔷薇属 *Rosa* L.

形态特征：蔓生灌木，长 2 ~ 5 m。小枝纤细，有钩状皮刺。奇数羽状复叶；小叶 3 ~ 5 个，稀 7 个，卵状披针形或椭圆形，先端渐尖，基部近圆形，边缘具内曲的锐锯齿，两面无毛；叶柄和叶轴散生钩状皮刺；托叶线形，与叶柄分离，早落。花多数，呈伞房花序；花梗被柔毛；花白色。蔷薇果近球形，直径 4 ~ 6 mm，萼裂片脱落。花期 5 ~ 6 月，果熟期 7 ~ 11 月。

分　　布：河南伏牛山南部、大别山和桐柏山区均产，本区广泛分布。生于路旁、溪边、山坡疏林或灌丛。

功用价值：根含鞣质，可提取栲胶。花可提取芳香油。叶可作饲料。根与叶入药。也是庭园观赏树种及蜜源植物。可作树状月季砧木。

花序　　　　　　　　　　　　　　花

枝、叶、果实

枝、叶、托叶、刺　　　　　　　　植株

128. 野蔷薇

学　　名：*Rosa multiflora* Thunb.

属　　名：蔷薇属 *Rosa* L.

形态特征：攀缘灌木。茎细长，无毛，有刺；小叶 5~7 个，倒卵形、长圆形或卵形，有尖锐单锯齿，仅背面中脉被柔毛。叶柄与叶轴被毛，疏生钩刺，托叶篦齿状分裂，圆锥花序，萼片披针形，花粉红色；花柱结合成束，无毛，稍长于雄蕊；蔷薇果近球形，直径 6~8 mm，熟时红褐色或紫褐色，有光泽，无毛，萼片脱落。花期 4~6 月，果熟期 8~9 月。

分　　布：河南伏牛山、大别山和桐柏山区均产，本区南园广泛分布。生于消落带、岸边及山坡林缘及灌丛。

功用价值：根皮含鞣质，可提制栲胶，鲜花含芳香油，可供饮用或用于化妆及皂用香精。根、种子及花入药。为庭园观赏植物。

花　　　　　　　　　　蔷薇果　　　　　　　　枝、叶、托叶、刺

植株

129. 软条七蔷薇　湖北蔷薇

学　　名：*Rosa henryi* Bouleng.

属　　名：蔷薇属 *Rosa* L.

形态特征：落叶蔓生灌木，高 3～5 m。小枝有短扁、弯曲皮刺或无刺；小叶通常 5 个，长圆形至椭圆状卵形，先端渐尖，基部近圆形或宽楔形，边缘有锐锯齿；背面灰白色，无毛或沿中脉有疏柔毛，小叶柄和叶轴无毛，有散生小皮刺；托叶大部分贴生于叶柄，全缘。伞房状花序，花瓣白色；花柱结合成柱；蔷薇果近球形，直径 0.8～1 cm，熟后褐红色，有光泽。花期 5～6 月，果熟期 9～10 月。

分　　布：河南伏牛山南部、大别山和桐柏山区均产，本区南园广泛分布。生于消落带、岸边及山坡林缘及灌丛。

功用价值：为庭园观赏植物。根皮含糅质，可提制栲胶。根及果入药。

花　　　　　　　　　成熟蔷薇果、果序　　　　　　　　蔷薇果

枝、叶、花

枝叶、托叶　　　　　　　　　　　　　植株

130. 龙牙草　仙鹤草

学　　名：*Agrimonia pilosa* Ldb.

属　　名：龙牙草属 *Agrimonia* L.

形态特征：多年生草本。根多呈块茎状。茎高 30～120 cm，被疏柔毛及短柔毛，稀下部被长硬毛；叶为间断奇数羽状复叶，常有 3～4 对小叶，叶柄被稀疏柔毛或短柔毛；小叶倒卵形至倒卵状披针形，顶端急尖至圆钝，基部楔形至宽楔形，边缘具锯齿；穗状总状花序，花瓣黄色。瘦果倒卵状圆锥形，被疏柔毛，顶端有数层钩刺。花果期 5～12 月。

分　　布：河南各地均产，本区广泛分布。生于消落带、岸边及山坡草地。

功用价值：全草药用。嫩苗可作野菜。

果实　　　　　　　　　　　花　　　　　　　　　　　花序

基生叶　　　　　　　　　　　　　　植株

131. 地榆

学　　名：*Sanguisorba officinalis* L.

属　　名：地榆属 *Sanguisorba* L.

形态特征：多年生草本。根粗壮。茎直立，有棱角，无毛。奇数羽状复叶；小叶 3~11 个，稀 15 个，边缘具尖圆锯齿，无毛；托叶抱茎，近镰刀状，有齿。花密生成圆柱形的穗状花序，自顶端开始向下逐渐开放；萼片 4 个，花瓣状，紫红色，开展；花药黑紫色，花丝红色；花柱长约 1 mm，紫色，具乳头状柱头。花期 7~9 月，果熟期 9~10 月。

分　　布：河南各地均产，本区广泛分布。生于消落带、岸边及山坡草地。

功用价值：根、茎含鞣质，可提取栲胶。根含淀粉，供酿酒。种子含油，供制肥皂及其他工业用。根可入药。并可作兽药。也可作农药，根、叶水浸液可防治棉蚜、红蜘蛛，根水煮液可防治豆蚜；全草水浸液可防治小麦秆锈病。

花序　　　　　　　　　　　　　　　　　叶

叶

小叶

132. 茅莓

学　　名：*Rubus parvifolius* Linn.

属　　名：悬钩子属 *Rubus* L.

形态特征：落叶灌木。枝呈弓形弯曲，被柔毛和稀疏钩状皮刺；小叶 3 个，菱状圆卵形或倒卵形，上面伏生疏柔毛，下面密被灰白色绒毛，有不整齐粗锯齿或缺刻状粗重锯齿，常具浅裂片；叶柄被柔毛和稀疏小皮刺，托叶线形，被柔毛；伞房花序顶生或腋生；花直径约 1 cm；花瓣卵圆形或长圆形，粉红或紫红色。果实卵球形，红色。花期 5~6 月，果期 7~8 月。

分　　布：河南各山区均产，本区南园广泛分布。生于消落带、岸边及山坡林下或荒地。

功用价值：果实酸甜多汁，可食，也可熬糖、酿酒、制醋等。含鞣质，可提制栲胶。根、茎、叶供药用。

茎、叶

花序

聚合果

叶背面

植株

133. 插田泡

学　　名：*Rubus coreanus* Miq.

属　　名：悬钩子属 *Rubus* L.

形态特征：落叶灌木。枝近红褐色，被白粉，有粗壮钩刺。奇数羽状复叶；通常 5 小叶，卵形、菱状卵形、椭圆状卵形或宽卵形，边缘有不整齐粗锯齿或缺刻，表面无毛或仅沿脉被短柔毛，背面被稀疏柔毛或仅沿脉被短柔毛；托叶线形，全缘。伞房花序生侧枝顶端；花粉红色，花瓣紧贴雄蕊。聚合果近球形，红色或紫黑色。花期 5～6 月，果熟期 7～8 月。

分　　布：河南各山区均产，本区南园广泛分布。生于消落带、岸边及山坡林下或荒地。

功用价值：果实可食，也可熬糖、酿酒、制醋。根、叶及果均入药。

聚合果　　　　　　　　花序、花　　　　　　　　叶、果

叶、花　　　　　　　　　　　枝、叶

134. 蛇莓

学　　名：*Duchesnea indica* (Andr.) Focke.

属　　名：蛇莓属 *Duchesnea* J. E. Smith.

形态特征：多年生草本。茎匍匐，有柔毛。3 小叶，菱状卵形或倒卵形，边缘具钝锯齿，两面散生柔毛或表面几无毛；小叶几无柄；托叶卵状披针形。花单生叶腋，黄色；花梗有柔毛；花瓣倒卵形；雄蕊较花瓣短。聚合果球形或椭圆形，肉质或海绵质，红色；瘦果卵形，暗红色。花期 6 ~ 8 月，果期 8 ~ 10 月。

分　　布：河南各地均产，本区广泛分布。生于消落带、岸边及山坡草地。

功用价值：消落带湿地水质净化、防止水土流失。全草入药。果实可食。

花

聚合果

叶

植株

135. 绢毛匍匐委陵菜

学　　名：*Potentilla reptans* var. *sericophylla* Franch.

属　　名：委陵菜属 *Potentilla* L.

形态特征：多年生匍匐草本。常具纺锤状块根。基生叶为三出掌状复叶，边缘 2 小叶浅裂至深裂，有时混生有不裂者，小叶下面及叶柄伏生绢状柔毛，稀脱落被稀疏柔毛，全缘，稀有 1~2 齿，顶端渐尖或急尖。单花自叶腋生或与叶对生；花瓣黄色，比萼片稍长；花柱近顶生，基部细，柱头扩大。瘦果黄褐色，卵球形。花果期 6~9 月。

分　　布：伏牛山、桐柏山和大别山区均产，本区广泛分布。生于消落带、溪边灌丛、林缘、岸边及山坡草地。

功用价值：消落带湿地水质净化、防止水土流失。块根及全草药用。

叶　　　　　　　　　　　　　　　块根

花　　　　　　　　　　　　　　　植株

136. 朝天委陵菜

学　　名：*Potentilla supina* L.

属　　名：委陵菜属 *Potentilla* L.

形态特征：一年生或二年生草本。茎平铺或斜上，多分枝，疏生柔毛。基生叶羽状复叶，有小叶 2～5 对，倒卵形或长圆形，边缘有缺刻状锯齿，表面无毛，背面微生柔毛或近无毛；茎生叶与基生叶相似。有时为三出复叶；托叶宽卵形，3 浅裂。花单生叶腋，黄色；副萼片比萼片稍长或近等长，花瓣黄色，与萼片近等长或较短。瘦果卵形，黄褐色。花期 4～10 月，果实 5 月渐次成熟。

分　　布：产于河南各地，本区广泛分布。生于消落带湿润处。

功用价值：消落带湿地水质净化、防止水土流失。幼苗可作野菜。

花、叶　　　　　　　　叶正面　　　　　　　　叶背面

花序　　　　　　　　　　　植株

137. 三叶朝天委陵菜

学　　名：*Potentilla supina* var. *ternata* Peterm.

属　　名：委陵菜属 *Potentilla* L.

形态特征：与原种区别：基生叶 3～5 小叶，茎生叶单叶或三出复叶。花瓣甚短于花萼，为萼片长度的 1/4～1/3。

分　　布：产于河南各地，本区广泛分布。生于消落带湿润处。

功用价值：消落带湿地水质净化、防止水土流失。幼苗可作野菜。

茎、叶、花序　　　　　　　　　　　　　　　　花

植株

138. 翻白草

学　　名：*Potentilla discolor* Bge.

属　　名：委陵菜属 *Potentilla* L.

形态特征：多年生草本。根下部常肥厚呈纺锤状。基生叶有 2 ~ 4 对小叶，叶柄密被白色绵毛，小叶长圆形或长圆状披针形，具圆钝稀急尖锯齿，上面疏被白色绵毛或脱落近无毛，下面密被白色或灰白色绵毛；茎生叶 1 ~ 2 枚，有掌状 3 ~ 5 小叶；聚伞花序有花数朵，花梗外被绵毛，花直径 1 ~ 2 cm，花瓣黄色，比萼片长。瘦果近肾形，宽约 1 mm。花果期 5 ~ 9 月。

分　　布：产于河南各地，本区广泛分布。生于消落带、岸边、荒地、山谷及山坡草地。

功用价值：根及全草入药。块根富有淀粉，可食用及酿酒。

花

花侧面

花序

叶背面

叶正面

植株

139. 皱叶委陵菜　钩叶委陵菜

学　　名：*Potentilla ancistrifolia* Bunge

属　　名：委陵菜属 *Potentilla* L.

形态特征：多年生草本。根圆柱形，木质。基生叶为羽状复叶，有小叶 2～4 对，叶柄被稀疏柔毛；边缘有急尖锯齿，上面绿色或暗绿色，伏生疏柔毛，下面灰色或灰绿色，网脉通常较突出，密生柔毛，沿脉伏生长柔毛，茎生叶 2～3 枚，有小叶 1～3 对；基生叶托叶膜质，褐色，外被长柔毛；茎生叶托叶草质，绿色，边缘有 1～3 齿稀全缘。伞房状聚伞花序顶生；花瓣黄色。成熟瘦果表面有脉纹，脐部有长柔毛。花果期 5～9 月。

分　　布：太行山和伏牛山区均产。本区广泛分布。生于岸边及山坡岩石缝中。

功用价值：根及全草入药。块根富含淀粉，可食用及酿酒。

花序

花

植株

140. 委陵菜

学　　名：*Potentilla chinensis* Ser.

属　　名：委陵菜属 *Potentilla* L.

形态特征：多年生草本。根木质。茎丛生，被开展白色长柔毛。奇数羽状复叶，基生叶丛生，15～31 小叶，无柄，长圆状披针形或长圆形，羽状深裂，裂片篦状，或三角状披针形，先端尖，背面密生白色绵毛；托叶与叶柄合生；茎生叶与基生叶相似，唯叶片对数较少。聚伞花序顶生，总花梗与花梗有白色绒毛或柔毛，花黄色。瘦果卵形，深褐色。花果期 4～10 月。

分　　布：产于河南各地，本区广泛分布。生于消落带、岸边及山坡草地。

功用价值：根含鞣质，可提制栲胶。嫩苗含维生素丙，苗炸后水浸可食。根及全草入药。

花

叶背面

植株

141. 桃

学　　名：*Prunus persica* L.

属　　名：李属 *Prunus* L.

形态特征：落叶乔木。小枝绿色，无毛。侧芽常 2~3 个并生。叶椭圆状披针形或长圆状披针形，先端长渐尖，基部宽楔形，边缘密生细锯齿，两面无毛或仅背面脉腋有簇毛；叶柄无毛，有腺体；花单生或 2 朵并生，先叶开放，近无梗；花粉红色，萼裂片外面有绒毛。核果卵球形，先端尖。花期 4 月，果熟期 6~9 月。

分　　布：产于河南各山区，本区广泛分布。生于山坡杂木林、消落带、道路边，多数为栽培种。

功用价值：栽培变种和品种甚多，有食用和观赏两大类。果实可生食，也可熬糖、酿酒、制果脯等。种仁含油可作润滑剂、注射剂、溶剂、擦剂及乳剂等原料，也用作化妆品、肥皂及润滑油。叶、花、种子及种仁入药。

花　　　　　　　　　　枝、叶、花

核果

枝、叶　　　　　　　　植株

142. 杏

学　　名：*Prunus armeniaca* L.

属　　名：李属 *Prunus* L.

形态特征：落叶乔木。小枝灰褐色，无毛或幼时有柔毛。叶卵圆形至近圆形，先端短锐尖，基部圆形或渐狭，边缘有圆钝锯齿，两面无毛或背面脉腋有簇毛；叶柄长 2~3 cm，近顶端有 2 个腺体。花单生，几无梗，先叶开放；花白色或粉红色。核果球形，黄白色或黄红色，核平滑。花期 3~4 月，果熟期 6~7 月。

分　　布：河南各地栽培，少数地区逸为野生，本区零星分布。生于山坡杂木林。

功用价值：果实可食或制杏脯、杏干。杏仁入药；杏仁可食用。种仁含油可食用，制油漆、肥皂、润滑油等，在医药上常作为软膏剂、涂布剂及注射药的溶剂等。杏树胶可作黏剂或赋形剂等。

果

枝、叶、果

山杏叶

茎、叶

花

143. 欧李

学　　名：*Prunus humilis* (Bge.) Sok.

属　　名：李属 *Prunus* L.

形态特征：灌木，高 1~1.5 m。叶矩圆伏倒卵形或椭圆形，长 2.5~5 cm，宽 1~2 cm，先端急尖或短渐尖，基部宽楔形，边缘有细密锯齿，无毛；叶柄短；托叶条形，边缘有腺齿，早落；花与叶同时开放，1~2 朵生于叶腋，直径 1~2 cm；花梗长约 1 cm，有稀疏短柔毛；萼筒钟状，无毛或微生短柔毛，裂片长卵形，花后反折；花瓣白色或微带红色，矩圆形或卵形；雄蕊多数，离生；心皮 1 个，无毛。核果近球形，无沟，直径约 1.5 cm，鲜红色，有光泽，味酸。花期 4~5 月，果期 6~10 月。

分　　布：产于河南各山区，本区南园广泛分布。生于山坡杂木林及灌丛。

功用价值：果实可食，并可酿酒。种仁供药用。

核果成熟期

花

幼果

枝、叶

144. 麦李

学　　名：*Prunus glandulosa* (Thunb.) Lois.

属　　名：李属 *Prunus* L.

形态特征：落叶灌木，高达 1.5 m。小枝光滑或幼时有柔毛。叶卵状长圆形至披针状长圆形，边缘有细圆钝锯齿，两面无毛或背沿中脉有稀疏柔毛；叶柄短；托叶线形，边缘有腺齿。花 1 ~ 2 朵侧生，先叶开放，花梗具短柔毛；花粉红色或白色；萼筒钟状，有稀疏短柔毛或无毛，裂片边缘有齿；花瓣倒卵形或长圆形；花柱基部有毛。核果近球形，红色。花期 3 ~ 4 月，果期 5 ~ 8 月。

分　　布：产于河南各山区，本区南园广泛分布。生于山坡杂木林及灌丛。

功用价值：果实可食，并可酿酒。种仁供药用。茎叶可作农药，煮汁可防治菜青虫，浸汁能防治菜蚜。

核果

花

枝、叶、花

叶

五〇、含羞草科 Mimosaceae

145. 山槐

学　　名：*Albizia kalkora* (Roxb.) Prain

属　　名：合欢属 *Albizia* Durazz.

形态特征：落叶小乔木或灌木。小枝褐色，侧芽叠生。二回羽状复叶，羽片 2~3 对，小叶 5~14 对，长方形，长 1.5~3 cm，背面苍白色，中脉位于小叶片上侧，两面有短柔毛，叶柄基部有 1~2 个腺体。头状花序 2~3 个，生于上部叶腋，或多个排列成伞房状；花白色，花萼、花冠密生长柔毛。荚果带状，深棕色。花期 5~6 月，果期 8~10 月。

分　　布：产于河南各山区，本区南园广泛分布。生于山坡杂木林。

功用价值：木材可作家具，根、茎皮及花入药。种子可榨油；树皮含单宁，纤维可作人造棉、造纸原料。

花

荚果

头状花序

花期

二回羽状复叶

植株

146. 合欢

学　　名：*Albizia julibrissin* Durazz.

属　　名：合欢属 *Albizia* Durazz.

形态特征：落叶乔木，高达 16 m。小枝黄绿色。侧芽叠生。二回羽状复叶，羽片 4～12 对；小叶 10～30 对，镰刀形或长方形，长 6～12 mm，先端急尖；叶柄近基部有 1～2 个腺体；托叶线状披针形，早落。多数头状花序，腋生或顶生；花淡粉红色。荚果扁平，幼时具毛。花期 6～8 月，果熟期 8～10 月。

分　　布：产于河南各山区，本区南园广泛分布。北园多为栽培。生于山坡杂木林。

功用价值：树皮及叶含单宁。纤维可制人造棉，种子含油；树皮及花入药。

荚果

花序、花

叶

植株

五一、豆科 Fabaceae

147. 云实

学　　名：*Caesalpinia decapetala* (Roth) Alston

属　　名：云实属 *Caesalpinia* L.

形态特征：落叶攀缘灌木。茎密生钩状刺；幼枝密生灰色或褐色柔毛。二回羽状复叶，羽片 3 ~ 10 对，对生，具柄，基部有刺 1 对；小叶 8 ~ 12 对，膜质，长圆形，两端近圆钝，两面均被短柔毛，老时渐无毛；托叶早落。总状花序顶生；多花；总花梗多刺；花黄色。荚果长椭圆形，沿腹缝线有狭翅；种子 6 ~ 9 枚。花期 4 ~ 6 月，果熟期 9 ~ 10 月。

分　　布：伏牛山南部、大别山及桐柏山区均产，本区南园广泛分布。生于山坡灌丛。

功用价值：山坡水土流失治理。庭院观赏，果壳、茎皮含单宁，可提制栲胶，种子可榨油，根、茎及果入药。

果期　　　　　　　　　　果期　　　　　　　　　　花

花期

叶　　　　　　　　　　　　植株

148. 皂荚

学　　名：*Gleditsia sinensis* Lam.

属　　名：皂荚属 *Gleditsia* L.

形态特征：落叶乔木。刺圆柱形，常有分枝。一回羽状复叶；小叶 3～9 对，卵状披针形至长圆形，先端钝或渐尖，基部斜圆形或斜楔形，边缘有细钝锯齿，无毛。总状花序，腋生；萼钟状；花瓣白色；子房线形，沿腹缝线有毛。荚果肥厚，呈猪牙状，黑棕色，被白粉。花期 4～5 月，果熟期 8～9 月。

分　　布：河南各山区均产。本区广泛分布。生于岸边及山地沟边。部分为栽培。

功用价值：荚果煎汁可代肥皂。荚瓣及种子入药。幼叶可食用。荚果也可作土农药。

花　　　　　　　　　　　刺　　　　　　　　　　　叶

荚果　　　　　　　　　　　　　　　植株

149. 白刺花

学　　名：*Sophora davidii* (Franch.) Skeels

属　　名：槐属 *Styphnolobium* Schott

形态特征：落叶灌木。枝近于无毛，具粗壮锐刺。奇数羽状复叶；11~21 小叶，椭圆形或长卵形，先端圆，微凹而具小尖头，表面无毛，背面疏生毛；托叶细小，呈针刺状。顶生总状花序，有 6~12 朵花；萼钟状，紫蓝色，密生短柔毛，花白色至蓝白色，旗瓣匙形，反曲，龙骨瓣基部有钝耳。荚果密生白色平伏长柔毛。花期 4~5 月，果熟期 8 月。

分　　布：河南各山区均产，本区南园较少分布。生于消落带、岸边及山坡荒地。

功用价值：耐旱性强，水土保持植物。根及果入药。

花序、花

花　　　　　　　　花序、花　　　　　　　叶

植株　　　　　　　　　　　　　　　　荚果

150. 槐

学　　名：*Styphnolobium japonicum* (L.) Schott

属　　名：槐属 *Styphnolobium* Schott

形态特征：落叶乔木。树皮灰褐色，具纵裂纹，小枝绿色。奇数羽状复叶；小叶 7～15(17) 个，卵状长圆形，背面疏生短柔毛；叶柄基部膨大；托叶镰刀状，早落。顶生圆锥花序；萼钟状，具 5 个小齿；花冠乳白色，旗瓣宽心形，具短爪，有紫脉。荚果肉质，无毛，不开裂，种子间显著细缩；种子 1～6 枚，肾形。花期 7～8 月，果熟期 9～10 月。

分　　布：河南各山区均有栽培，本区较少分布。生于消落带、岸边及山坡荒地。

功用价值：水土保持优良树种。树冠优美，花芳香，是行道树和优良的蜜源植物；叶、根皮、花和荚果入药；木材供建筑用。

花　　　　　　　　　　花序　　　　　　　　　　叶

荚果　　　　　　　　　　　　植株

151. 白车轴草　白三叶草

学　　名：*Trifolium repens* L.

属　　名：车轴草属 *Trifolium* L.

形态特征：多年生草本。茎匍匐，无毛。叶互生；3 小叶，几无柄，倒卵形或近倒心脏形，先端圆或凹缺，基部楔形，边缘具细锯齿，表面无毛，背面微有毛；托叶椭圆形，抱茎，先端尖。花序头状顶生，有长总梗，高出叶；果时萼裂片不展开；花冠白色或淡红色。荚果长圆形，有种子 2~4 枚。花果期 5~10 月。

分　　布：河南各山区均有栽培，本区广泛分布。生于消落带、岸边及山坡草地，喜湿润耐干旱。

功用价值：消落带湿地水质净化、水土保持。为优良的牧草，也可作绿肥。种子含油。全草入药。

叶　　　　　　　　花序、花

群落

152. 天蓝苜蓿

学　　名：*Medicago lupulina* L.

属　　名：苜蓿属 *Medicago* L.

形态特征：一年生或二年生草本。茎有疏毛。具 3 小叶；小叶宽倒卵形，先端钝圆，微凹，上部边缘有锯齿，基部楔形，两面均有白色柔毛；小叶柄有毛；托叶斜卵形，有柔毛。花 10~15 朵密集成头状花序；萼筒短，萼齿长；花冠黄色，稍长于萼。荚果弯曲成肾形，无刺，成熟时黑色；种子 1 枚，黄褐色。花期 7~9 月，果期 8~10 月。

分　　布：河南各地均产，本区广泛分布。生于消落带、岸边及山坡草地。

功用价值：消落带水质净化、水土保持。可作牧草及绿肥。全草供药用。

荚果　　　　　叶、托叶、花序、花

植株

153. 南苜蓿

学　　名：*Medicago polymorpha* L.

属　　名：苜蓿属 *Medicago* L.

形态特征：一年生或二年生草本。茎匍匐或稍直立，基部多分枝，无毛或有毛。具 3 小叶；小叶宽倒卵形，上部边缘有锯齿，表面无毛，背面疏生柔毛，两侧小叶略小；小叶柄有柔毛；托叶卵形，边缘具细锯齿。花 2～10 朵聚生成总状花序，腋生；花冠黄色，略伸出萼外。荚果螺旋状，边缘有疏刺；种子 3～7 枚，肾形，黄褐色。花期 3～5 月，果期 5～6 月。

分　　布：产于河南南部，本区广泛分布。生于消落带、岸边草地。

功用价值：消落带水质净化、水土保持。绿肥和优良的牲畜饲料植物，嫩叶可蔬食，根及全草入药。

叶

荚果

花

枝、叶、花序

植株

154. 小苜蓿

学　　名：*Medicago minima* (L.) Grufberg

属　　名：苜蓿属 *Medicago* L.

形态特征：一年生草本。茎铺散，疏生白色柔毛。具3小叶；中间小叶较大，倒卵形，先端圆或凹下，边缘有锯齿，两面均有白色柔毛，两侧小叶略小；小叶柄有柔毛；托叶斜卵形，基部具疏齿。花集成头状的总状花序，腋生；花萼钟状，深裂，密生柔毛；花冠淡黄色。荚果螺旋状，脊棱上有3列长钩状刺；种子数枚，肾形。花期4~5月，果熟期5~6月。

分　　布：河南各地均产，本区广泛分布。生于消落带、岸边草地。

功用价值：消落带水质净化、水土保持。可作家畜饲料，也可作绿肥。嫩苗可作野菜食用。

花序、花

荚果

植株

155. 野大豆

学　　名：*Glycine soja* Sieb. et Zucc.

属　　名：大豆属 *Glycine* Willd.

形态特征：一年生缠绕草本。茎细长，有黄色长硬毛。3 小叶，顶生小叶卵状披针形，长 1～5 cm，先端急尖，基部圆形，两面有白色短柔毛。侧生小叶斜卵状披针形；托叶卵状披针形，有黄色柔毛。总状花序腋生；花梗密生黄色长硬毛；萼钟状；花冠紫红色。荚果线状长圆形，密生黄色硬毛；种子黑色。花期 6～7 月，果熟期 8～9 月。

分　　布：河南各地均产，本区广泛分布。生于消落带、岸边草地。

功用价值：种子富含蛋白质、油脂，除食用外，还可榨油，供工业用。种子入药。茎叶作饲料。

花

果实

叶

枝、叶、花序

荚果

植株

156. 鹿藿

学　　名：*Rhynchosia volubilis* Lour.

属　　名：鹿藿属 *Rhynchosia* Lour.

形态特征：多年生缠绕草本。全株有淡黄色柔毛。3 小叶，侧生小叶偏宽卵形或偏宽椭圆形，先端短急尖，基部圆形，顶生小叶近圆形，先端短急尖或短渐尖；托叶宿存；有锥状小托叶。总状花序有花10 余朵，常数个花序生在一起；花黄色，长 7 mm；子房密生腺点。荚果长椭圆形，红褐色，长约 1.5 cm，先端有喙，种子间微收缩；种子 1～2 枚，椭圆形，光滑。花期 8～9 月，果熟期 10～11 月。

分　　布：伏牛山南部、大别山和桐柏山区均产，本区南园广泛分布。生于消落带、岸边草地。

功用价值：果实及全草入药。

叶

植株

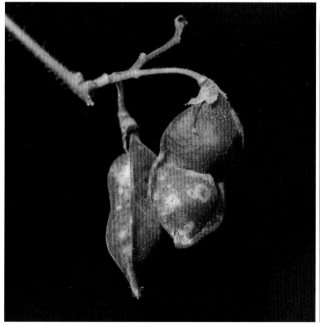

果序、果实

荚果

157. 菱叶鹿藿

学　　名：*Rhynchosia dielsii* Harms

属　　名：鹿藿属 *Rhynchosia* Lour.

形态特征：缠绕草本。茎具黄色长硬毛和短柔毛。3 小叶，侧生小叶偏卵形，先端长渐尖，基部有 3 出脉，两面被微柔毛。顶生近菱形，先端尖或长渐尖。总状花序腋生，被短柔毛，花多而疏，黄色。荚果椭圆形或卵形，紫红色，有微柔毛；种子 2 枚，黑色，光亮，肾形，种脐白色。花期 6~9 月，果熟期 10 月。

分　　布：伏牛山南部、大别山和桐柏山区均产，本区南园广泛分布。生于消落带、岸边及山坡草地。

功用价值：茎叶药用。

荚果

果实

植株、果序

植株、花序

花序

叶

植株

158. 葛

学　　名：*Pueraria montana* (Loureiro) Merrill

属　　名：葛属 *Pueraria* DC.

形态特征：木质藤本。块根肥厚。茎疏生黄色长硬毛。3 小叶，顶生小叶阔卵形，先端渐尖，基部圆形，上面有稀疏长硬毛，下面有绢质柔毛，侧生小叶略小而偏斜；小叶柄被黄褐色绒毛。总状花序腋生，花多而密；花冠紫色。荚果条形，扁平，密生锈色长硬毛。花期 9～10 月，果期 11～12 月。

分　　布：产于河南各地，本区广泛分布。生于消落带、岸边、山坡疏林及荒地。

功用价值：茎皮纤维供纺织及造纸原料；块根可制淀粉，供食用。根与花可药用。

花序

荚果

群落

叶

叶、花序

植株

159. 歪头菜

学　　名：*Vicia unijuga* A. Br.

属　　名：野豌豆属 *Vicia* L.

形态特征：多年生草本。幼枝疏生淡黄色柔毛。小叶 2 个，卵形或菱形，先端急尖，基部斜楔形；卷须不发达，为针状；托叶戟形。总状花序腋生；花冠紫色或紫红色，旗瓣提琴形，先端微凹；子房具柄，无毛，花柱上部周围有白色短柔毛。荚果扁长圆形，长 3~4 cm；种子扁圆形，棕褐色。花期 6~7 月，果期 8~9 月。

荚果

分　　布：产于河南各山区，本区南园广泛分布。生于消落带、岸边及山坡草地。

功用价值：茎叶可晒干菜食用，并作牧草。全草入药。

果序

茎、叶、花序

花序

植株

160. 救荒野豌豆

学　　名：*Vicia sativa* L.

属　　名：野豌豆属 *Vicia* L.

形态特征：一年生或二年生草本。羽状复叶，有卷须；8～16 小叶，长椭圆形或倒卵形，先端截形，凹入，有细尖，基部楔形，两面疏生黄色柔毛；托叶戟形。花 1～2 朵腋生，无总梗；花梗有疏生黄色短毛；萼钟状 5 齿；花冠紫色或红色。荚果线形，扁平，成熟时棕色；种子圆球形，棕色或黑褐色。花期 4～7 月，果期 7～9 月。

分　　布：河南各地均产，本区广泛分布。生于消落带、岸边及山坡草地。

功用价值：岸边及消落带水土保持，幼嫩茎叶可作野菜，全草入药。

荚果

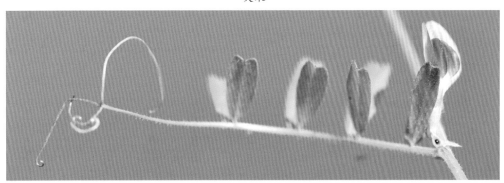

茎、叶、托叶、卷须

花

植株

161. 窄叶野豌豆

学　　名：*Vicia sativa* subsp. *nigra* Ehrhart

属　　名：野豌豆属 *Vicia* L.

形态特征：一年生或二年生草本。茎蔓生或攀缘，多分支。偶数羽状复叶，叶轴顶端卷须发达；托叶半箭头形或披针形，有 2~5 齿；小叶 4~6 对，线形或线状长圆形，先端平截或微凹，具短尖头，叶脉不甚明显。花 1~2 朵腋生，无总梗，有小苞叶；花萼钟形；花冠红色或紫红色。荚果长线形，成熟时黑色。花期 3~6 月，果期 5~9 月。

分　　布：河南各地均产，本区广泛分布。生于消落带、岸边及山坡草地。

功用价值：岸边及消落带水土保持，可作牧草及绿肥。

花　　　　　　　　　　荚果　　　　　　　　茎、叶、卷须、花

162. 大花野豌豆

学　　名：*Vicia bungei* Ohwi

属　　名：野豌豆属 *Vicia* L.

形态特征：一年生草本。茎多分枝，四棱。羽状复叶，有卷须；4~10 小叶，长圆形，先端截形或凹下；托叶半箭头状，一边有齿牙。总状花序腋生，有 2~4 朵花，常较叶长；有明显的总梗；花冠紫色；花柱顶端周围有柔毛。荚果长圆形，略膨胀。花期 4~5 月，果期 6~7 月。

分　　布：河南淮河以北地区均产，本区广泛分布。生于消落带、岸边草地。

功用价值：可作牧草及绿肥，嫩茎叶可蔬食。

花序、花　　　　　　　　荚果　　　　　　　　　叶

163. 长柔毛野豌豆

学　　名：*Vicia villosa* Roth.

属　　名：野豌豆属 *Vicia* L.

形态特征：一年生草本。全株有淡黄色长柔毛。羽状复叶，有卷须；小叶通常 5～10 对，长圆形或披针形，先端钝，有细尖，基部圆形，两面均有长柔毛；托叶戟形，有长柔毛。总状花序腋生，花较大且多而密，偏向一侧排列；花序轴及花梗均有淡黄色柔毛；花冠紫色或淡红色；花柱上部周围有短毛。荚果长圆形，长约 3 cm。花果期 4～10 月。

分　　布：河南各地均有，原为栽培，逸为野生，本区广泛分布。生于消落带、岸边草地。

功用价值：岸边及消落带水土保持，为优良的饲料及绿肥植物。

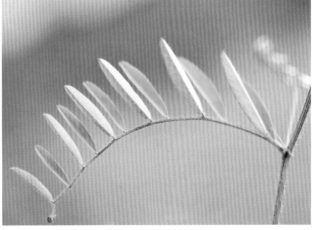

茎、叶　　　　　　　　　　　　　　　　　叶

花序、花

164. 四籽野豌豆

学　　名：*Vicia tetrasperma* (L.) Schreb.

属　　名：野豌豆属 *Vicia* L.

形态特征：一年生草本。茎纤细，有棱，全株疏生短柔毛。羽状复叶，有卷须；6～12 小叶，线状长圆形；托叶半戟形。花小，紫色或带蓝色，1～2 朵花排成腋生总状花序；总花梗细弱，与叶近等长；萼斜钟状，萼齿三角状卵形；旗瓣长倒卵形；翼瓣有爪，与旗瓣等长；子房有短柄。荚果线状椭圆形，无毛，种子 3～4 枚。花期 3～6 月，果期 6～8 月。

分　　布：河南信阳、南阳及驻马店地区均产，本区广泛分布。生于消落带、岸边草地。

功用价值：岸边及消落带水土保持，可作牧草及绿肥，全草入药。

花序、花

荚果

茎、叶、卷须

植株

165. 小巢菜

学　　名：*Vicia hirsuta* (L.) S. F. Gray.

属　　名：野豌豆属 *Vicia* L.

形态特征：一年生草本，无毛。羽状复叶，有卷须；小叶4~8对，长圆状倒披针形，先端截形，微凹，有短尖，基部楔形，两面无毛。总状花序腋生，花较叶短；花序轴及花梗均有短柔毛；萼5齿；花冠白色或淡紫色；子房无柄，密生长硬毛。荚果长圆形，有柔毛；种子1~2枚，扁圆形，棕色。花果期2~7月。

分　　布：产于河南南部，本区广泛分布。生于消落带、岸边草地。

功用价值：岸边及消落带水土保持。作饲料，野菜，药用。

花

枝、叶、卷须

荚果

花序、花

植株

166. 确山野豌豆

学　　名：*Vicia kioshanica* Bailey

属　　名：野豌豆属 *Vicia* L.

形态特征：多年生草本。茎有棱，无毛。羽状复叶，有发达卷须；6~14 小叶，长圆形或线状长圆形，两面无毛；托叶半箭头状或线状披针形，有 1~3 个齿牙。总状花序多长于叶，有 8~16 朵花；萼钟状，外面有很少柔毛；花冠紫色或紫红色，稀近黄色或红色；子房无柄或近无柄，无毛。荚果长圆形，无毛。花期 4~6 月，果期 6~9 月。

分　　布：产于河南伏牛山、大别山和桐柏山区，本区少量分布。生于消落带、岸边及山坡草地。

功用价值：作饲料，根入药。

荚果　　　　　　　　　　　花序、花　　　　　　　　　　茎、叶、卷须

167. 广布野豌豆

学　　名：*Vicia cracca* L.

属　　名：野豌豆属 *Vicia* L.

形态特征：多年生蔓生草本。有卷须；8~24 小叶，狭椭圆形或狭披针形，先端突尖，表面无毛，背面有短柔毛；叶轴有淡黄色柔毛；托叶披针形或戟形，有毛。总状花序腋生，与叶同长或稍短，有 7~15 朵花；花冠紫色或蓝色。荚果长圆形，褐色，膨胀，两端急尖；种子 3~5 枚，黑色。花果期 5~9 月。

分　　布：河南各山区均产，本区广泛分布。生于消落带、岸边、山坡草地及灌丛。

功用价值：水土保持。作绿肥、饲料，早春蜜源植物。

花　　　　　　　　　　　茎、叶、卷须　　　　　　　　　　叶背面

168. 多花木蓝

学　　名：*Indigofera amblyantha* Craib

属　　名：木蓝属 *Indigofera* L.

形态特征：直立灌木。茎直立，幼时有丁字毛。羽状复叶，通常 7~11 小叶，椭圆形或倒卵状椭圆形，长 1.5~4 cm，宽 1~2 cm，先端钝，有针状短尖，两面密生白色丁字毛。总状花序腋生，近无总花梗，常较叶短；萼杯状，背面有毛；花冠长 6~6.5 mm，粉红色或玫瑰红色。荚果圆柱形。花期 5~6 月，果熟期 8~9 月。

分　　布：伏牛山、太行山、大别山和桐柏山区均产，本区南园零星分布。生于岸边及山坡疏林或灌丛。

功用价值：观赏，根入药。

花

荚果

茎、叶、花序

植株

169. 河北木蓝

学　　名：*Indigofera bungeana* Walp.

属　　名：木蓝属 *Indigofera* L.

形态特征：直立灌木。枝有白色丁字毛。常7~9小叶，长圆形或倒卵状长圆形，先端骤尖，基部圆形，两面有白色丁字毛；叶柄、小叶柄有白色丁字毛。总状花序较叶长，总花梗较叶柄短；花冠紫色或紫红色，长约4 mm，外面有毛。荚果圆柱形，褐色，有白色丁字毛；种子椭圆形。花期6月，果熟期9~10月。

分　　布：产于河南各山区，本区南园零星分布。生于岸边及山坡疏林或灌丛。

功用价值：全株入药。

花　　　　　　　　　　　　　茎、叶、花序　　　　　　　　　　荚果

170. 紫穗槐

学　　名：*Amorpha fruticosa* L.

属　　名：紫穗槐属 *Amorpha* L.

形态特征：落叶灌木。小枝灰褐色，被疏毛，后变无毛，嫩枝密被短柔毛。奇数羽状复叶；11~25小叶，卵形、椭圆形或披针状椭圆形，先端圆或微凹，基部圆形，两面有白色短柔毛。穗状花序，集生于枝条上部；花冠紫色，仅有旗瓣。荚果下垂，弯曲，棕褐色，有瘤状腺体。花期5~7月，果期5~10月。

分　　布：原产美国，河南各地有栽培，本区少量栽培。栽培于消落带及岸边。

功用价值：水土保持、防风固沙。绿肥植物。果实及种子含芳香油，可作油漆、甘油及润滑油。枝条供编织用。

花序　　　　　　　　　　　　　茎、叶　　　　　　　　　　　　植株

171. 紫藤

学　　名：*Wisteria sinensis* (Sims) DC.

属　　名：紫藤属 *Wisteria* Nutt.

形态特征：木质藤本。小枝幼时具短柔毛，7～13 小叶，卵形至卵状披针形，先端渐尖，基部圆形或宽楔形，幼时两面疏生白色柔毛；老叶几无毛。总状花序侧生，下垂；萼钟状，疏生柔毛；花冠紫色或深紫色；旗瓣内面近基部有 2 个胼胝体状附属物。荚果倒披针形，密生黄色绒毛；种子褐色，扁圆形。花期 4～5 月，果熟期 9～10 月。

分　　布：伏牛山南部及大别山区均产，本区零星分布。生于消落带、岸边及山坡疏林。

功用价值：花含芳香油。茎皮、花及种子均可入药。种子有防腐作用。花可蔬食。也可作庭园观赏植物。

茎、花序　　　　　　　　　　茎、叶、花序　　　　　　　　荚果

花

茎、叶　　　　　　　　　　　　　　　　植株

172. 刺槐

学　　名： *Robinia pseudoacacia* L.

属　　名： 刺槐属 *Robinia* L.

形态特征： 落叶乔木。树皮褐色，纵裂。枝有托叶刺。奇数羽状复叶；小叶 2 ~ 12 对，椭圆形、长圆形或卵形，先端圆或微凹，基部圆形，无毛或幼时疏生柔毛。总状花序腋生；花序轴及花梗有柔毛；花冠白色，芳香，旗瓣有爪，基部有黄色斑点；子房无毛。荚果扁平，长圆形，褐色；种子肾形，黑色。花期 4 ~ 5 月，果熟期 7 ~ 8 月。

分　　布： 河南各地有栽培，本区广泛分布。生于消落带、岸边及山坡疏林。

功用价值： 为沙区、沟岸、道路及庭园绿化造林树种。水土保持优良树种。蜜源，鞣料，用材。种子含油，可制肥皂及作油漆原料。花与嫩叶作野菜。树皮可作造纸及人造棉的原料。茎皮、根及叶入药。

花序、花　　　　　　荚果　　　　　　　枝、叶、叶刺

花期　　　　　　　　　　　　植株

173. 少花米口袋

学　　名： *Gueldenstaedtia verna* (Georgi) Boriss.

属　　名： 米口袋属 *Gueldenstaedtia* Fisch.

形态特征： 多年生草本，主根直下，分茎具宿存托叶。托叶三角形，基部合生；叶柄具沟，被白色疏柔毛；7～19 小叶，长椭圆形至披针形，两面被疏柔毛，有时上面无毛。伞形花序有花 2～4 朵，总花梗约与叶等长；苞片长三角形；花梗长 0.5～1 mm；花冠红紫色。荚果长圆筒状，被长柔毛，成熟时毛稀疏，开裂；种子圆肾形，具不深凹点。花期 5 月，果期 6～7 月。

分　　布： 河南各地均产，本区广泛分布。生于消落带、岸边及山坡草地。

功用价值： 根及全草入药。

花序、花　　　　　　　　　　　　　　　　　叶

主根　　　　　　　　　　　　　　　　叶、花、果实

174. 黄檀

学　　名：*Dalbergia hupeana* Hance

属　　名：黄檀属 *Dalbergia* L. f.

形态特征：落叶乔木。树皮灰色，鳞状剥裂。小叶 3 ~ 5 对，近革质，椭圆形至长椭圆形，先端钝，微凹，基部圆形；叶轴及小叶柄有白色柔毛；托叶早落。圆锥花序顶生或腋生；花梗有锈色疏毛；萼钟状，有锈色柔毛；花冠淡紫色或白色。荚果长圆形，扁平，种子 1 ~ 3 枚。花期 7 月，果熟期 8 ~ 9 月。

分　　布：伏牛山、大别山和桐柏山区均产，本区南园零星分布。生于山坡灌丛及疏林。

功用价值：木材坚韧、致密，可供雕刻及作各种负担重及拉力强的用具及器材。也可作庭园绿化树种。根入药。

树皮

叶正面

枝、叶

花序、花

荚果

植株

175. 合萌 田皂荚

学　　名：*Aeschynomene indica* L.

属　　名：合萌属 *Aeschynomene* L.

形态特征：一年生灌木状草本。茎多分枝，无毛。小叶 20～30 对或更多，长圆形，先端圆钝，有短尖头，基部圆形，无毛；无小叶柄；托叶披针形，先端锐尖。总状花序腋生，花少数，总花梗有疏生刺毛，有黏质；膜质苞片 2 个，边缘有齿；花黄白带紫纹；子房无毛。荚果线状长圆形，微弯，有 6～10 荚节，荚节平滑或有小瘤点。花期 7～8 月，果期 8～10 月。

分　　布：河南各地均产，本区广泛分布。生于浅水区及消落带湿地。

功用价值：浅水区及消落带水质净化。茎及全草入药。也可作绿肥。

荚果　　　　　　花　　　　　　　　　　　叶

花序　　　　　　　　　　　植株

176. 鸡眼草

学　　名：*Kummerowia striata* (Thunb.) Schindl.

属　　名：鸡眼草属 *Kummerowia* Schindl.

形态特征：一年生草本。茎平卧，多分枝，具有向下的白色长毛。3 小叶，倒卵状长圆形或长圆形，先端圆，中脉和边缘有白色毛；托叶长卵形，宿存，具缘毛。花 1 ~ 3 朵腋生；小苞片 4 个，花梗无毛；萼钟状，深紫色；花冠淡红色。荚果卵状长圆形，较萼稍长或不超过萼的 1 倍，外面有细毛。花期 7 ~ 9 月，果期 8 ~ 10 月。

分　　布：本区广泛分布，生于消落带、岸边及山坡草地。

功用价值：水土保持。全草入药，作饲料，绿肥，野菜。

花　　　　　　　　　　　　　叶　　　　　　　　　　　　　植株

177. 长萼鸡眼草

学　　名：*Kummerowia stipulacea* (Maxim.) Makino

属　　名：鸡眼草属 *Kummerowia* Schindl.

形态特征：一年生草本。分枝多而开展，幼枝具向上的硬毛。3 小叶，倒卵形，先端常凹缺，表面无毛，背面叶脉及边缘有白色长硬毛；托叶卵圆形，宿存，具短缘毛。花 1 ~ 2 朵腋生，花梗有白色硬毛，具关节；萼钟状，萼齿 5 个，卵形；花冠上部暗紫色。荚果卵形，长为萼的 2 ~ 3 倍；种子黑色，平滑，花期 7 ~ 8 月，果期 8 ~ 10 月。

分　　布：河南各地均产，本区广泛分布。生于消落带、岸边及山坡草地。

功用价值：水土保持。全草入药，可作牧草，绿肥，野菜。

花　　　　　　　　　　　　叶、托叶　　　　　　　　　　　植株

178. 胡枝子

学　　名：*Lespedeza bicolor* Turcz.

属　　名：胡枝子属 *Lespedeza* Michx.

形态特征：直立灌木。小枝黄色或暗褐色，有条棱，被疏短毛。羽状复叶具 3 小叶，顶生小叶宽椭圆形或卵状椭圆形，先端钝，有小尖，基部圆形，表面疏生平伏短毛，背面毛较密，侧生小叶较小。总状花序腋生，较叶长；萼杯状，萼齿 4 个，披针形，有白色短柔毛；花冠紫色，龙骨瓣与旗瓣近等长。荚果斜卵形，网脉明显，有密生柔毛。花期 7~9 月，果期 9~10 月。

分　　布：太行山和伏牛山区均产，本区广泛分布。生于消落带、岸边、山坡疏林及荒地。

功用价值：水土保持。作绿肥，饲料。根入药。幼叶可代茶叶。

花　　　　　　　　　　植株

179. 短梗胡枝子

学　　名：*Lespedeza cyrtobotrya* Miq.

属　　名：胡枝子属 *Lespedeza* Michx.

形态特征：直立灌木。3 小叶，倒卵形或卵状披针形，先端圆或微凹，具小刺尖，上面绿色，无毛，下面贴生疏柔毛，侧生小叶较小。总状花序腋生，短于叶；总花梗短或近无；花梗短，长为萼的一半；萼筒状，萼齿 5 个，上边 2 齿近合生，密生柔毛；花冠紫色。荚果斜卵形，扁，密生绢毛。花期 7~8 月，果期 9 月。

分　　布：太行山和伏牛山区均产，本区广泛分布。生于消落带、岸边、山坡疏林及荒地。

功用价值：纤维及造纸原料，枝条供编织，叶可作饲料及绿肥。

枝、叶、花　　　　　枝、叶背面　　　　　植株

180. 兴安胡枝子

学　　名： *Lespedeza davurica* (Laxmann) Schindler.

属　　名： 胡枝子属 *Lespedeza* Michx.

形态特征： 小灌木或亚灌木。枝有短柔毛。小叶 3 个，顶生小叶披针状长圆形，先端圆钝，有短尖，基部圆形，表面无毛，背面密生短柔毛；托叶线形。总状花序腋生，短于叶；无瓣花生于下部枝条叶腋，花萼 5 深裂，几与花瓣等长；花冠白色或黄白色，龙骨瓣长于翼瓣；子房有毛。荚果倒卵状长圆形。花期 7 ~ 9 月，果熟期 9 ~ 10 月。

分　　布： 河南各地均产，本区广泛分布。生于消落带、岸边、山坡疏林及荒地。

功用价值： 作牧草，绿肥。

花

叶背面、花序

枝、叶、花序

植株

181. 绒毛胡枝子

学　　名：*Lespedeza tomentosa* (Thunb.) Sieb.

属　　名：胡枝子属 *Lespedeza* Michx.

形态特征：小灌木。全株有黄色短绒毛。3 小叶，顶生小叶长圆形或卵状长圆形，先端圆形，有短尖，基部钝，两面均有黄色柔毛，背面较密；托叶线形，有毛。总状花序腋生，较叶长，花密集，无瓣花腋生，呈头状花序；花冠淡白色，龙骨瓣与翼瓣近等长。荚果倒卵状椭圆形，有短柔毛。花期 7~9 月，果熟期 9~10 月。

分　　布：河南各山区均产，本区广泛分布。生于消落带、岸边、山坡疏林及荒地。

功用价值：种子含油。民间药用。

叶

花序、花

枝、叶背面

植株

182. 多花胡枝子

学　　名：*Lespedeza floribunda* Bunge

属　　名：胡枝子属 *Lespedeza* Michx.

形态特征：小灌木。小枝有白色柔毛。羽状复叶具 3 小叶；小叶具柄，倒卵形或倒卵状长圆形，先端微凹，有短尖，基部宽楔形，表面无毛，背面有白色柔毛，侧生小叶较小。总状花序腋生；总花梗细长，显著超出叶，无瓣花簇生叶腋，无花梗；花冠紫色，旗瓣较龙骨瓣短。荚果卵状菱形，有柔毛。花期 6~9 月，果期 9~10 月。

分　　布：河南各山区均产，本区广泛分布。生于消落带、岸边、山坡疏林及荒地。

功用价值：作饲料，绿肥。

花侧面　　　　　　　　　　花正面　　　　　　　　　　花序

枝、叶　　　　　　　　　　叶背面　　　　　　　　　　叶正面

183. 长叶胡枝子　长叶铁扫帚

学　　名：*Lespedeza cuneata* (Dum.–Cours.) G. Don

属　　名：胡枝子属 *Lespedeza* Michx.

形态特征：灌木。茎多棱，沿棱被短伏毛。托叶钻形；叶柄被短伏毛；羽状复叶具 3 小叶；小叶长圆状线形，叶长为宽的 10 倍，边缘稍内卷，上面近无毛，下面被伏毛。总状花序腋生；花冠显著超出花萼，白色或黄色。有瓣花的荚果长圆状卵形，疏被白色伏毛；闭锁花的荚果倒卵状圆形。花期 6～9 月，果期 10 月。

分　　布：太行山和伏牛山均产，本区南园广泛分布。生于消落带、岸边、山坡疏林及荒地。

功用价值：牧草。

| 花序、花 | 花序、茎、叶、花 | 植株 |

184. 尖叶铁扫帚

学　　名：*Lespedeza caraganae* Bunge.

属　　名：胡枝子属 *Lespedeza* Michx.

形态特征：小灌木。全株被伏毛，分枝或上部分枝呈扫帚状。托叶线形；羽状复叶具 3 小叶；小叶倒披针形、线状长圆形或狭长圆形，边缘稍反卷，上面近无毛，下面密被伏毛。总状花序腋生，稍超出叶，有 3～7 朵排列较密集的花，近似伞形花序；花冠白色或淡黄色；闭锁花簇生于叶腋，近无梗。荚果宽卵形，两面被白色伏毛，稍超出宿存萼。花期 7～9 月，果期 9～10 月。

分　　布：太行山区及伏牛山区均产，本区广泛分布。生于消落带、岸边、山坡疏林及荒地。

功用价值：药用，饲料。

| 花 | 花序、花 | 枝、叶、花 |

185. 阴山胡枝子　白指甲花

学　　名：*Lespedeza inschanica* (Maxim.) Schindl.

属　　名：胡枝子属 *Lespedeza* Michx.

形态特征：灌木。茎多分枝，无毛。3 小叶，小叶长圆形或倒卵状长圆形，表面无毛，背面有短柔毛；侧生小叶较小；叶柄短；托叶线状披针形。总状花序腋生，总花梗短；无瓣花密生叶腋；小苞片贴生于萼筒下，披针形；花冠白色，有紫斑，龙骨瓣与旗瓣等长。荚果卵形，包于萼内，有柔毛。花期 7 ~ 9 月，果熟期 9 ~ 10 月。

分　　布：河南各山区均产，本区广泛分布。生于消落带、岸边、山坡疏林及荒地。

功用价值：民间药用。

花

枝、叶、花序

植株

186. 铁马鞭

学　　名：*Lespedeza pilosa* (Thunb.) Sieb. et Zucc.

属　　名：胡枝子属 *Lespedeza* Michx.

形态特征：亚灌木。枝细长。全株有棕黄色长粗毛。3 小叶，卵圆形或倒卵圆形，先端圆或截形，有短尖，两面有白色粗毛，侧生小叶较小。总状花序腋生，总花梗及花梗极短，呈簇生状；萼 5 裂，裂片披针形，有黄白色粗毛；花冠黄白色，有紫斑；无瓣花簇生叶腋。荚果长圆状卵形，密生长粗毛。花期 7 ~ 9 月，果熟期 9 ~ 10 月。

分　　布：伏牛山南部、大别山和桐柏山区均产，本区广泛分布。生于消落带、岸边、山坡疏林及荒地。

功用价值：民间药用。

花序、花

枝叶

植株

187. 中华胡枝子

学　　名：*Lespedeza caraganae* Bunge

属　　名：胡枝子属 *Lespedeza* Michx.

形态特征：小灌木。幼枝被短毛，分枝斜升，被柔毛。羽状复叶具 3 小叶，小叶倒卵状长圆形，边缘稍反卷，表面微有柔毛，背面密生短柔毛，倒生小叶较小；叶柄及小叶柄有短毛；托叶线形，有毛。总状花序腋生，不超出叶，少花；总花梗极短；无瓣花生于枝下部叶腋；花冠白色，旗瓣与翼瓣近等长。荚果卵圆形，有白色短柔毛。花期 7~9 月，果熟期 9~10 月。

分　　布：大别山区及伏牛山南部均产，本区南园广泛分布。生于消落带、岸边、山坡疏林及荒地。

功用价值：民间药用。

叶背面

果实

枝、叶

188. 笐子梢

学　　名： *Campylotropis macrocarpa* (Bge.) Rehd.

属　　名： 笐子梢属 *Campylotropis* Bunge

形态特征： 灌木。幼枝密生白色短柔毛。3 小叶，顶生小叶长圆形或椭圆形，先端圆或微凹，有短尖，表面无毛，背面有淡黄色柔毛，侧生小叶较小。圆锥花序腋生，每苞片腋间有 1 朵花；萼上唇 2 齿三角形；花冠紫红色或近粉红色，旗瓣和龙骨瓣各长约 10 mm，翼瓣稍长。荚果斜椭圆形，有毛或无。花果期 (5 ~)6 ~ 10 月。

分　　布： 河南各山区均产，本区南园广泛分布。生于岸边、山坡疏林及荒地。

功用价值： 药用。

花序

果序

花侧面

花正面

荚果

枝、叶

五二、胡颓子科 Elaeagnaceae

189. 牛奶子

学　　名： *Elaeagnus umbellate* Thunb.

属　　名： 胡颓子属 *Elaeagnus* L.

形态特征： 落叶直立灌木，具长 1～4 cm 的刺。小枝甚开展，多分枝，幼枝密被银白色和少数黄褐色鳞片，老枝鳞片脱落，灰黑色；芽银白色或褐色至锈色。叶纸质或膜质，下面密被银白色和散生少数褐色鳞片。花较叶先开放，黄白色，芳香，1～7 朵花簇生新枝基部；雄蕊的花丝极短，长约为花药的一半；花柱直立，柱头侧生。果实几球形或卵圆形，幼时绿色，成熟时红色；果梗直立，粗壮，长 4～10 mm。花期 4～5 月，果期 7～8 月。

分　　布： 河南各山区均产，本区南园广泛分布。生于岸边、山坡林缘及荒地。

功用价值： 果实可生食，制果酒、果酱等，叶作土农药可杀棉蚜虫；果实、根亦可入药。亦是观赏植物。

果实　　　　　　　果实　　　　　　　花　　　　　　　花

叶正面

叶背面

枝、叶、果　　　　　　　　　　　　　植株

190. 木半夏

学　　名：*Elaeagnus multiflora* Thunb.

属　　名：胡颓子属 *Elaeagnus* L.

形态特征：落叶直立灌木，高 2～3 m，通常无刺，稀老枝上具刺；幼枝细弱伸长，密被锈色或深褐色鳞片，老枝鳞片脱落。叶膜质或纸质，全缘，下面密被银白色和散生少数褐色鳞片。花白色，被银白色和散生少数褐色鳞片，常单生新枝基部叶腋；雄蕊着生花萼筒喉部稍下面，花丝极短，花柱直立，微弯曲，稍伸出萼筒喉部，长不超雄蕊。果实椭圆形，密被锈色鳞片，成熟时红色；果梗在花后伸长。其叶冬凋夏绿，春实夏熟，故称木半夏。花期 5 月，果期 6～7 月。

分　　布：河南各山区均产，本区南园零星分布。生于岸边、山坡林缘及荒地。

功用价值：果实、根、叶药用；果实可制果酒和饴糖等。

枝叶

枝、叶、花

枝、叶、果

植株

五三、千屈菜科 Lythraceae

191. 千屈菜

学　　名： *Lythrum salicaria* L.

属　　名： 千屈菜属 *Lythrum* L.

形态特征： 多年生草本。根茎粗壮。茎直立，多分枝，高达 1 m，全株青绿色，稍被粗毛或密被绒毛，枝常 4 棱。叶对生或 3 片轮生，有时稍抱茎，无柄。聚伞花序，簇生，花梗及花序梗甚短，花枝似一大型穗状花序。萼筒有纵棱 12 条，稍被粗毛，裂片 6，三角形，附属体针状；花瓣 6 枚，红紫色或淡紫色；雄蕊 12 枚，6 长 6 短，伸出萼筒。蒴果扁圆形。

分　　布： 河南各山区均产，本区广泛分布。生于消落带浅水及湿地。

功用价值： 浅水区及消落带水质净化，全草入药。

花

茎、叶

花序

植株

五四、菱科 Trapaceae

192. 欧菱

学　　名：*Trapa natans* L.

属　　名：菱属 *Trapa* L.

形态特征：一年生浮水水生草本。根二型：着泥根细铁丝状，生水底泥中；同化根，羽状细裂，裂片丝状，绿褐色。叶二型：浮水叶互生，聚生，形成莲座状菱盘，叶片三角形状菱圆形，叶柄中上部膨大成海绵质气囊或不膨大；沉水叶小，早落。花小，单生于叶腋，两性；花瓣4枚，白色。果三角状菱形，具2刺角，刺角扁锥状。花期6~9月，果熟期9~10月。

分　　布：河南各山区均产，本区广泛分布，其中北园有较大面积的群落。生于消落带浅水区。

功用价值：食用，淀粉资源，供观赏。

果实

叶背面

花侧面

植株

花正面

五五、瑞香科 Thymelaeaceae

193. 芫花

学　　名：*Daphne genkwa* Sieb. et Zucc.

属　　名：瑞香属 *Daphne* L.

形态特征：落叶灌木，多分枝。树皮褐色，无毛；小枝圆柱形，老枝紫褐色或紫红色。叶对生，稀互生，纸质，边缘全缘，侧脉 5 ~ 7 对，在下面较上面显著。花比叶先开放，紫色或淡紫蓝色，无香味，常 3 ~ 6 朵簇生于叶腋或侧生，花梗短，具灰黄色柔毛；花萼筒细瘦，筒状，外面具丝状柔毛。果实肉质，白色，椭圆形。花期 3 ~ 5 月，果期 6 ~ 7 月。

分　　布：河南各山区均产，本区南园广泛分布。生于消落带及岸边荒地。

功用价值：水土保持。供观赏，花蕾药用。全株可作农药，煮汁可杀虫，灭天牛效果良好。茎皮纤维柔韧，可作造纸和人造棉原料。

叶背面　　　　　　　花　　　　　　　花序

叶正面　　　　　　　植株

五六、柳叶菜科 Onagraceae

194. 假柳叶菜　细花丁香蓼

学　　名：*Ludwigia epilobioides* Maxim.

属　　名：丁香蓼属 *Ludwigia* L.

形态特征： 一年生粗壮直立草本。茎高达 1.5 m，四棱形，多分枝。叶窄椭圆形或窄披针形，长（2）3～10 cm，先端渐尖，基部窄楔形，侧脉 8～13 对，脉上疏被微柔毛；叶柄长 0.4～1.3 cm。萼片 4～5(6) 个，三角状卵形，4～5 棱，表面瘤状隆起，长 2～4.5 mm，被微柔毛；花瓣黄色，倒卵形，长 2～2.5 mm；雄蕊与萼片同数；柱头球状，顶端微凹；花盘无毛。蒴果近无梗，长 1～2.8 cm，初时具 4～5 棱，表面瘤状隆起，每室有 1 或 2 列；果皮薄，熟时不规则开裂。花期 8～10 月。

分　　布： 产于河南南部，本区零星分布。生于消落带浅水及潮湿处。

功用价值： 浅水区及消落带水质净化。全草入药。

订正：《河南植物志》收录的"丁香蓼（*Ludwigia prostrata*）"，系鉴定错误，实际上应该是"假柳叶菜（*Ludwigia epilobioides*）"。本书予以订正。

果实

果期

茎、叶、花

茎、叶

枝、果实

植株

195. 柳叶菜

学　　名：*Epilobium hirsutum* L.

属　　名：柳叶菜属 *Epilobium* L.

形态特征：多年生草本。茎密生展开的白色长柔毛及短腺毛。下部叶对生，上部叶互生，边缘具细锯齿，基部无柄，略抱茎，两面被长柔毛。花两性，单生于上部叶腋，浅紫色；萼筒圆柱形，裂片4个；花瓣4枚，顶端凹缺成2裂；雄蕊8枚，4长4短。蒴果圆柱形，室背开裂，被短腺毛；种子椭圆形，密生小乳突，顶端具1簇白色种缨。花期6~8月，果期7~9月。

分　　布：产于河南各地，本区广泛分布。生于消落带浅水及潮湿处。

功用价值：浅水区及消落带水质净化。嫩苗嫩叶可作色拉凉菜；根或全草入药。

花

花序

花果期

植株

五七、八角枫科 Alangiaceae

196. 瓜木

学　　名：*Alangium platanifolium* (Sieb. et Zucc.) Harms

属　　名：八角枫属 *Alangium* Lam.

形态特征：落叶小乔木或灌木。树皮光滑，浅灰色。小枝绿色，有短柔毛。叶互生，纸质，近圆形，稀7裂；主脉常3~5条。花1~7朵组成腋生的聚伞花序，花萼6~7裂，花瓣白色或黄白色，芳香，条形；花丝微扁，密生短柔毛，花药黄色。核果卵形，长9~12(~15) mm，花萼宿存。花期3~7月，果期7~9月。

分　　布：产于河南各山区，本区南园少量分布。生于山坡疏林。

功用价值：树皮含鞣质，纤维可作人造棉，根、叶药用，又可以作农药。

果实

果期

枝、叶、花序

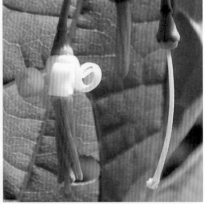

花

枝、叶

197. 八角枫

学　　名：*Alangium chinense* (Lour.) Harms

属　　名：八角枫属 *Alangium* Lam.

形态特征：落叶灌木或小乔木，高 3～6 m。树皮淡灰色，平滑。枝有黄色疏柔毛。叶互生，纸质，卵形或圆形，两侧偏斜，全缘或 2～3 裂；主脉 4～6 条。聚伞花序；花萼 6～8 裂，生疏柔毛；花瓣 6～8 枚，白色，条形，长 11～14 mm，常外卷；雄蕊 6～8 枚，花丝短而扁，有柔毛，花药长为花丝的近 4 倍。核果卵圆形，长 5～7 mm，熟时黑色。花期 5～7 月，果期 7～11 月。

分　　布：产于大别山、桐柏山及伏牛山，本区南园少量分布。生于山坡疏林。

功用价值：根药用，树皮纤维可编绳索，木材可做家具及天花板。

果实

花　　　　　　　　　花序　　　　　　　　　果实

叶正面　　　　　　　　叶背面　　　　　　　　枝

五八、檀香科 Santalaceae

198. 急折百蕊草

学　　名：*Thesium refractum* C. A. Mey

属　　名：百蕊草属 *Thesium* Linn.

形态特征：多年生半寄生草本。茎具棱，无毛。叶线形，无毛，常具 1 脉。花小，白色，单生叶腋，基部有 3 个展开的小苞片；花被筒状，5 裂，裂片近矩圆形，内面有 1 束毛，雄蕊 5 枚，生于裂片基部，较裂片短，花丝较花药长；花柱圆柱状，几与花被等长。果卵形，果柄长达 1 cm，果熟时常反折。花期 4～5 月，果熟期 6～7 月。

分　　布：太行山和伏牛山区均产，本区广泛分布。生于岸边及山坡草地，寄生于其他植物根上。

功用价值：全草入药。

茎、叶

花

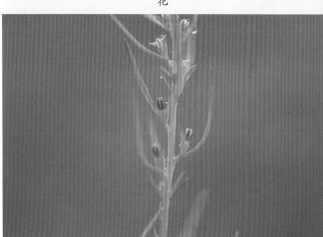

茎、叶、花、果

植株

五九、大戟科 Euphorbiaceae

199. 算盘子

学　　名：*Glochidion puberum* (Linn.) Hutch.

属　　名：算盘子属 *Glochidion* J. R. et G. Forst.

形态特征：落叶灌木。小枝灰褐色，密被黄褐色短柔毛。叶长圆形至长圆状披针形或倒卵状长圆形，基部楔形，表面暗绿色，中脉有柔毛，背面灰白色，密被短柔毛。花雌雄同株，1至数花簇生叶腋，无花瓣；雄花无退化雌蕊，雄蕊3枚；雌花子房有毛。蒴果扁球形，有明显纵沟，被短柔毛；种子赤黄色。花期6~9月，果熟期7~10月。

分　　布：伏牛山区南部、桐柏山区及大别山区均产，本区南园广泛分布。生于岸边及山坡草地。

功用价值：含鞣质，可提取栲胶。也可入药。

花　　　　　　　　　花、果　　　　　　　　　种子

枝、叶、果　　　　　　　　　　　植株

200. 止痢草　蜜柑草

学　　名：*Phyllanthus matsumurae* Hayata

属　　名：叶下珠属 *Phyllanthus* Linn.

形态特征：一年生草本。茎直立，分枝细长，无毛。叶二列互生，线形或披针形，先端尖，基部近圆形，无毛；叶柄短；托叶小。花小，雌雄同株，无花瓣，腋生；雄花萼片4个，花盘腺体4个，分离，与萼片互生；雌花萼片6个，花盘腺体6个，柱头6个。蒴果圆形，有细柄，下垂。花期7~9月，果熟期8~10月。

果实

分　　布：伏牛山、大别山及桐柏山区均产，本区广泛分布。生于消落带及岸边草地。

功用价值：全草入药。

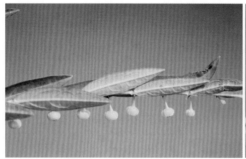

果期

枝、叶

201. 地构叶

学　　名：*Speranskia tuberculata* (Bunge) Baill.

属　　名：地构叶属 *Speranskia* Baill.

形态特征：多年生草本。多分枝，密被柔毛。叶长椭圆形至披针形，先端狭尖，边缘疏生不规则的粗锯齿，齿端具腺点，背面有短柔毛；叶柄短或几无柄。花单性，雌雄同株，成顶生总状花序；雄花萼片5个，镊合状排列，雄蕊10枚；雌花花瓣极小，花盘壶状，被白色柔毛及疣状突起。蒴果扁球状三角形，被多数疣状突起。花果期6~9月。

分　　布：河南各浅山、丘陵地区，本区少量分布。生于消落带或山坡荒地。

功用价值：全草入药。

枝、叶

花果序

植株

202. 油桐

学　　名：*Vernicia fordii* (Hemsl.) Airy Shaw

属　　名：油桐属 *Vernicia* Lour.

形态特征：落叶小乔木。树皮灰色，细裂。枝粗壮，无毛。叶卵圆形，先端渐尖，基部截形或心脏形，全缘或 3 浅裂；叶柄顶端有 2 个红色、扁平、无柄的腺体。花大，白色略带红色，单性，雌雄同株，排列于枝端成短总状花序；花瓣 5 个；雄花雄蕊 8 ~ 20 枚，花丝基部合生；雌花子房 3 ~ 5 室，花柱 2 裂。核果近球形。花期 4 月，果熟期 10 月。

分　　布：产于河南各山区，本区南园广泛分布。生于山坡疏林，多为人工造林种植。

功用价值：工业油料植物，果皮可制活性炭或提取碳酸钾。

叶　　　　　　　　　　果实

花序　　　　　　雄花序　　　　　　雄花　　　　　雌花

叶、果

枝、叶、雄花序

植林

203. 假奓包叶

学　　名：*Discocleidion rufescens* (Franch.) Pax et Hoffm.

属　　名：丹麻秆属　假奓包叶属 *Discocleidion* (Muell. Arg.) Pax et Hoffm.

形态特征：落叶灌木或小乔木。单叶互生，卵形或卵状披针形，基部圆形、截形或近心脏形，3~5出脉，边缘有锯齿，表面沿脉有疏毛，背面有细密毛。雌雄异株，无花瓣；圆锥花序顶生；雄花萼3~5裂，雄蕊35~60枚；雌花萼片5个，子房3室，密生丝状毛，花柱3个，平展，2中裂。蒴果近球形，有毛。花期7~9月，果熟期7~10月。

分　　布：产于伏牛山南部，本区南园广泛分布。生于山坡疏林。

功用价值：茎皮纤维可制绳索或作造纸原料。

雌株

果实

雄花

雄株

植株

204. 铁苋菜

学　　名：*Acalypha australis* Linn.

属　　名：铁苋菜属 *Acalypha* Linn.

形态特征：一年生草本。叶薄纸质，椭圆形、椭圆状披针形或卵状菱形，3 出脉，边缘有锯齿，两面疏生柔毛或几无毛。雌雄同株异花，无花瓣，成腋生穗状花序；雄花小，生花序上部，萼 4 裂，膜质，雄蕊 8 枚；雌花生花序下部，萼 3 裂，子房球形，有毛，花柱 3 个。蒴果近球形，三棱状，直径 3～4 mm。花期 8～10 月，果熟期 9～11 月。

分　　布：产于河南各地，本区广泛分布。生于消落带、岸边及山坡荒地。

功用价值：全草入药。

花果序

茎、叶

叶

植株

205. 乌桕

学　　名：*Triadica sebifera* (L.) Small

属　　名：乌桕属 *Triadica* Lour.

形态特征：乔木，高达 15 m。小枝淡褐色，无毛。叶菱状卵形，纸质，两面无毛；叶柄顶端有 2 个腺体。花单性，雌雄同株；雄花萼杯状，3 浅裂，膜质，雄蕊 2 枚，稀 3 枚，花丝分离；雌花萼 3 深裂，子房 3 室，光滑，花柱 3 个。蒴果梨状球形黑褐色，由室背 3 瓣裂，每室有 1 枚种子，黏着于中轴上；种子黑色，外被白色蜡质层。花期 6~7 月，果熟期 10~11 月。

分　　布：产于河南南部山区，本区广泛分布。生于消落带、岸边及山坡疏林。

功用价值：木材白色，坚硬，纹理细致，用途广。叶为黑色染料，可染衣物。根皮入药。白色蜡质假种皮溶解后可制肥皂、蜡烛；种子油适于涂料，可涂油纸、油伞等。

种子

枝、叶、花序

叶、花序

叶、果

秋色叶

植株

206. 地锦草

学　　名：*Euphorbia humifusa* Willd. ex Schlecht.

属　　名：大戟属 *Euphorbia* Linn.

形态特征：一年生匍匐草本。茎纤细，由近基部分枝，带紫红色，无毛。叶通常对生，长圆形，先端圆钝，基部偏斜，边缘有细锯齿，两面无毛或有时具疏生细毛。杯状花序单生叶腋；总苞倒圆锥形，浅红色，腺体 4 个，横长圆形，具白色花瓣状附属物；子房 3 室，花柱 3 个，2 裂。蒴果三棱状球形，无毛；种子卵形，黑褐色，外被白色蜡粉。花期 7 ~ 10 月，果熟期 8 ~ 11 月。

分　　布：河南各地均产，本区广泛分布。生于消落带、岸边、山坡荒地和疏林。

功用价值：消落带水土保持。可作牛、羊饲料。全草入药。

杯状花序、果实

枝、叶、花序

植株

207. 斑地锦

学　　名：*Euphorbia maculata* L.

属　　名：大戟属 *Euphorbia* Linn.

形态特征：一年生匍匐草本。根纤细。叶对生，长椭圆形，基部偏斜，中部以上常具细小疏锯齿；叶中部常具有一个长形紫斑，两面无毛；托叶钻状，边缘具睫毛。花序单生叶腋；总苞狭杯状，外部具白色疏柔毛，边缘 5 裂；腺体 4，黄绿色，边缘具白色附属物。雄花 4～5 朵，微伸出总苞外；雌花 1 朵；子房被疏柔毛；花柱短，柱头 2 裂。蒴果三角状卵形，成熟时易分裂为 3 个分果片。花果期 4～9 月。

分　　布：河南各地均产，本区广泛分布。生于消落带、岸边草地。

功用价值：水土保持。

花果期　　　　　　　　　　叶、杯状花序　　　　　　　　　　果期

群落　　　　　　　　　　　　　　　　　　植株

208. 飞扬草

学　　名：*Euphorbia hirta* Linn.

属　　名：大戟属 *Euphorbia* Linn.

形态特征：一年生草本。根纤细，常不分枝。茎自中部向上分枝或不分枝，被褐色或黄褐色的多细胞粗硬毛。叶对生，中部以上有细锯齿；叶背灰绿色，有时具紫色斑；叶柄极短。花序多数，于叶腋处密集成头状，无梗或具极短的柄；总苞钟状，被柔毛，边缘 5 裂；雄花数枚；雌花 1 朵，具短梗，伸出总苞之外；子房三棱状，被少许柔毛；花柱分离。蒴果三棱状，被短柔毛。花果期 6 ~ 12 月。

分　　布：产于河南南部，本区广泛分布。生于消落带、岸边、山坡荒地和疏林。

功用价值：全草入药。

枝、叶、花序

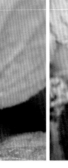

果序　　　　　　　　　　　果期

209. 细齿大戟

学　　名：*Euphorbia bifida* Hook. & Arn.

属　　名：大戟属 *Euphorbia* Linn.

形态特征：一年生草本。根细。茎基部木质化，向上多分枝，每个分枝再作二歧分枝，茎节环状，明显。叶对生，长椭圆形至宽线形，先端钝尖或渐尖，基部不对称，近平截或稍偏斜；边缘具细锯齿，齿尖有短尖；主脉于叶背隆起，于叶面下凹，侧脉羽状，清晰；花序常聚生，偶单生；总苞杯状；边缘 5 裂，裂片三角形。雄花数枚，略伸出总苞外；雌花 1 朵，略伸出总苞外。蒴果三棱状，近无毛。种子三棱圆柱状。花果期 4 ~ 10 月。

分　　布：产于丹阳湖国家湿地公园，本区南园少量分布。生于消落带及岸边荒地。

新记录：细齿大戟为作者在调查中发现的河南省植物分布新记录种。

花期　　　　　　　　　　果期　　　　　　　　　　植株

210. 泽漆

学　　名：*Euphorbia helioscopia* Linn.

属　　名：大戟属 *Euphorbia* Linn.

形态特征：一年生草本。叶互生，倒卵形或匙形，先端具牙齿；花序单生，有梗或近无梗；总苞钟状，无毛，边缘5裂，裂片半圆形，边缘和内侧具柔毛，腺体4，盘状，中部内凹，盾状着生于总苞边缘，具短柄，淡褐色；雄花数朵，伸出总苞；雌花1朵，子房柄微伸出总苞边缘。蒴果二棱状宽圆形，无毛，具3纵沟，长 2.5～3 mm。花果期4～10月。

分　　布：本区广泛分布，生于消落带、岸边及山坡荒地。

功用价值：茎叶滤液作农药，种子含油供工业用，全草入药。

杯状花序、腺体、果实　　　　　　　　花序

叶　　　　　　　　　　　枝、叶、花序

211. 大戟

学　　名：*Euphorbia pekinensis* Rupr.

属　　名：大戟属 *Euphorbia* Linn.

形态特征：多年生草本。根圆锥状。茎直立，被白色短柔毛，上部分枝。叶互生，几无柄，全缘或稍成波状，表面淡绿色，背面稍被白粉，通常无毛。总花序通常有5伞梗，基部有卵形或卵状披针形苞片5个，轮生；子房球形，3室，花柱3个，顶端2裂。蒴果三棱状球形，表面具瘤状突起；种子卵形，光滑。花期5月，果熟期6月。

分　　布：河南各地均产，本区南园广泛分布。生于消落带、岸边及山坡荒地。

功用价值：根入药，也可作兽药，根之浸液也可作农药。

叶

杯状花序

杯状花序、腺体、子房

茎、叶

植株

六〇、鼠李科 Rhamnaceae

212. 酸枣

学　　名：*Ziziphus jujube* var. *spinosa* (Bunge) Hu ex H. F. Chow

属　　名：枣属 *Ziziphus* Mill.

形态特征：灌木或小乔木，高 1 ~ 1.5 m。小种枝有两种刺，一种为针形的，另一种为向下反曲。叶椭圆形至卵状披针形，长 2 ~ 3.5 cm，宽 6 ~ 12 mm，有细锯齿，基生三出脉。花黄绿色，2 ~ 3 朵簇生叶腋。核果小，近球形，红褐色，味酸，核两端常钝头。花期 5 ~ 6 月，果熟期 8 ~ 10 月。

分　　布：河南各山区均产，本区南园大量分布。生于岸边及山坡干燥处荒地。

功用价值：果皮、种仁或根入药，并可提维生素丙或酿酒，为蜜源植物，核壳可制活性炭，还可作枣树砧木。为本区水土保持和石漠化治理的优势物种之一。

花　　　　　　　　　　枝、叶、花　　　　　　　　　　果实

果期　　　　　　　　　　　　　　　植株

213. 长叶冻绿　长叶鼠李

学　　名：*Rhamnus crenata* Sieb. et Zucc.

属　　名：鼠李属 *Rhamnus* Linn.

形态特征：落叶灌木，高达 3 m，不具棘针。叶互生，椭圆状倒卵形或披针状椭圆形，或倒卵形，先端短突尖或长渐尖，边缘有小锯齿，上面无毛，下面沿脉有锈色短柔毛，侧脉 7~12 对；叶柄长 5~10 mm，被锈色毛。聚伞花序腋生，有毛，总梗短，花单性，5 基数。核果近球形，成熟时黑色，有 2~3 个核；种子倒卵形，背面基部有小横沟。花期 6 月，果熟期 8~9 月。

分　　布：伏牛山、大别山和桐柏山区均产，本区南园少量分布。生于山坡或疏林。

功用价值：根皮或全株入药，有毒。果实及叶含黄色素，可供作染料用。

果实

叶、果实

214. 毛冻绿　金背鼠李

学　　名：*Rhamnus utilis* var. *hypochrysa* (Schneid.) Rehd.

属　　名：鼠李属 *Rhamnus* Linn.

形态特征：落叶灌木，高 2~3 m。幼枝淡绿色，具黄色柔毛，先端针刺状。叶对生或近对生，椭圆形、长椭圆形或倒卵形，基部宽楔形，缘具细钝锯齿，有褐色腺端，两面均被黄色柔毛，背面毛密，侧脉 4~6 对，弧状弯曲，表面中脉凹陷，背面脉隆起，呈黄色；托叶线状锥形，有柔毛。花数朵簇生于新枝下部的叶腋。核果近球形。花期 6 月，果熟期 8~9 月。

分　　布：产于伏牛山，本区南园少量分布。生于山坡灌丛或林下。

叶正面

果实

花序

叶背面

枝、叶、刺

215. 多花勾儿茶

学　　名：*Berchemia floribunda* (Wall.)

属　　名：勾儿茶属 *Berchemia* Neck.

形态特征：茎长可达6 m。小枝黄绿色，无毛。叶卵形、卵状椭圆形或宽椭圆形，顶端短渐尖，基部圆形或近心脏形，全缘，表面深绿色，背面灰白色，仅脉上稍有毛，余均光滑，侧脉8～12对。花序宽圆锥形；花芽圆球形，顶端突尖；花萼5裂，花瓣5枚；雄蕊5枚，与花瓣对生。核果近圆柱状，花柱宿存或脱落。花期7～10月，果期翌年4～7月。

分　　布：产于伏牛山、大别山及桐柏山区，本区南园零星分布。生于山坡林缘或疏林。

功用价值：根入药。

叶背面

果实

果序

枝、叶、花序

植株

六一、葡萄科 Vitaceae

216. 变叶葡萄

学　　名：*Vitis piasezkii* maxim

属　　名：葡萄属 *Vitis* L.

形态特征：木质藤本。幼枝和叶柄有褐色柔毛及长柔毛。叶在同一枝上变化大，多为卵圆形，基部宽心形、浅裂、深裂或全裂，边缘有粗牙齿，全裂的为 3~5 小叶的掌状复叶，中间小叶菱形，基部楔形，具短柄，两侧小叶斜卵形。圆锥花序与叶对生，长 5~10 cm，花小，直径约 3 mm；花萼盘形，无毛。浆果球形，黑褐色。花期 6 月，果期 7~9 月。

分　　布：产于河南各山区，本区南园少量分布。生于岸边及山坡灌丛或林中。

功用价值：产于北方的群体抗寒性较强并具有一定抗霜霉病的能力，果供食用或酿酒。

叶

叶、花序

植株、花序

植株

217. 毛葡萄

学　　名：*Vitis heyneana* Roem. et Schult

属　　名：葡萄属 *Vitis* L.

形态特征：木质藤本。卷须 2 叉分枝，密被绒毛；叶卵圆形、长卵状椭圆形或五角状卵形，先端急尖或渐尖，基部浅心形，每边有 9～19 个尖锐锯齿，上面初疏被蛛丝状绒毛，下面密被灰色或褐色绒毛，基出脉 3～5 条；叶柄密被蛛丝状绒毛；圆锥花序疏散，分枝发达。果实圆球形，成熟时紫黑色。花期 4～6 月，果期 6～10 月。

分　　布：产于河南各山区，本区南园少量分布。生于岸边及山坡灌丛或林缘。

功用价值：果可食用或酿酒。

果序　　　　　　　　　浆果　　　　　　　　　　卷须

叶正面

叶背面　　　　　　　　　　　　　　植株

218. 桑叶葡萄

学　　名：*Vitis heyneana* subsp. *ficifolia* (Bge.) C. L. Li

属　　名：葡萄属 *Vitis* L.

形态特征：本亚种与毛葡萄的区别在于，叶片常有 3 浅裂至中裂并混生有不分裂叶者。花期 5~7 月，果期 7~9 月。

分　　布：产于河南各山区，本区南园少量分布。生于岸边及山坡灌丛或林缘。

功用价值：果可食用或酿酒。

果实　　　　　　　　　　　　　　　　　　　叶背面

叶正面　　　　　　　　　　　　　　　茎、叶、卷须

219. 蘡薁　华北葡萄

学　　名：*Vitis bryoniifolia* Bunge

属　　名：葡萄属 *Vitis* L.

形态特征：木质藤本。幼枝有锈色或灰色绒毛。卷须有一分枝或不分枝。叶宽卵形，3 深裂，中央裂片菱形，上面疏生短毛，下面被锈色或灰色绒毛。圆锥花序长 5~8 cm，轴和分枝有锈色短柔毛；花直径约 2 mm，无毛；花萼盘形，全缘；花瓣 5 枚，早落；雄蕊 5 枚。浆果紫色，直径 8~10 mm。花期 4~8 月，果期 6~10 月。

分　　布：产于河南南部山区，本区南园少量分布。生于岸边及山坡灌丛或疏林。

功用价值：产于华北的群体有较强的抗寒和抗霜霉病的能力，全株供药用，藤可造纸，果可酿果酒。

浆果

叶背面

植株

220. 小叶葡萄

学　　名：*Vitis bryoniifolia* W. T. Wang

属　　名：葡萄属 *Vitis* L.

形态特征：木质藤本。小枝疏被淡褐色蛛丝状柔毛，变无毛。卷须长达 9 cm。叶具细长柄；叶片心状卵形，长 2.4 ~ 4.5(~ 6.5) cm，宽 2.4 ~ 3.5 (~ 5) cm，边缘有牙齿，下面被锈色或灰白色短绒毛，侧脉 2 ~ 3 对；叶柄被蛛丝状毛或几无毛。圆锥花序。浆果近球形，直径约 6 mm。花期 4 ~ 6 月，果期 7 ~ 10 月。

分　　布：产于河南南部山区，本区南园少量分布。生于岸边及山坡灌丛或疏林。

茎、叶　　　　　　　　　茎、叶、卷须　　　　　　　　　叶背面

221. 网脉葡萄

学　　名：*Vitis wilsoniae* H. J. Veitch

属　　名：葡萄属 *Vitis* L.

形态特征：木质藤本。幼枝近圆柱形，有白色蛛丝状柔毛，后变无毛。叶心形或心状卵形，长 8 ~ 15 cm，宽 5 ~ 10 cm，通常不裂，有时不明显三浅裂，边缘有小牙齿，下面沿脉有锈色蛛丝状毛，叶脉下面隆起，脉网明显，两面常有白粉；叶柄长 4 ~ 7 cm。圆锥花序长 8 ~ 15 cm；花小，淡绿色；花萼盘形，全缘，花瓣 5 枚；雄蕊 5 枚。浆果球形，直径 7 ~ 12 (~ 18) mm，蓝黑色，有白粉。花期 5 ~ 7 月，果期 6 月至翌年 1 月。

分　　布：产于伏牛山、桐柏山及大别山区，本区南园少量分布。生于岸边及山坡灌丛或疏林。

叶、花序　　　　　　　　　　叶　　　　　　　　　　果序

222. 蛇葡萄

学　　名：*Ampelopsis glandulosa* (Wall.) Momiy.

属　　名：蛇葡萄属 *Ampelopsis* Michx.

形态特征：木质藤本。小枝圆柱形，被锈色长柔毛。卷须2~3叉分枝，相隔2节间断与叶对生；单叶，心形或卵形，3~5中裂，上面无毛，下面脉上有锈色长柔毛。花序梗被锈色长柔毛；花梗疏生锈色短柔毛；萼碟形，外面疏生锈色短柔毛；花瓣5枚，卵椭圆形，被锈色短柔毛。果实近球形，有种子2~4枚。花期6~8月，果期9月至翌年1月。

分　　布：产于河南南部山区，本区广泛分布。生于岸边及山坡灌丛。

| 茎、枝、叶、果 | 叶 | 果序、浆果 |

223. 白蔹

学　　名：*Ampelopsis japonica* (Thunb.) Makino

属　　名：蛇葡萄属 *Ampelopsis* Michx.

形态特征：木质藤本。具块根。叶为掌状复叶。3~5小叶，一部分羽状分裂，一部分羽状缺刻，裂片卵形至披针形，中间裂片最长，两侧的很小，常不分裂，叶轴有阔翅。聚伞花序小，花序梗长3~8 cm，细长，缠绕。花小，黄绿色；花萼5浅裂；花瓣、雄蕊各5枚。果球形，直径6 mm，熟时白色或蓝色，有针孔状凹点。花期5~6月，果期7~9月。

分　　布：产于河南各山区，本区广泛分布。生于岸边、山坡灌丛或疏林。

功用价值：块根及全草药用。

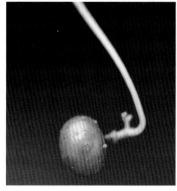

| 浆果 | 茎、叶背面 | 叶正面 |

224. 乌蔹莓

学　　名：*Cayratia japonica* (Thunb.) Gagnep.

属　　名：乌蔹莓属 *Cayratia* Juss.

形态特征：草质藤本。茎具卷须，幼枝有柔毛，后变无毛。鸟足状复叶；5 小叶，椭圆形至狭卵形，边缘有疏锯齿，两面中脉具毛。聚伞花序腋生或假腋生，具长柄；花小，黄绿色，具短柄，外生粉状微毛或近无毛；花瓣 4 枚，顶端无小角或有极轻微小角；雄蕊 4 枚与花瓣对生。浆果卵形，长约 7 mm。成熟时黑色。花期 3~8 月，果期 8~11 月。

分　　布：产于河南各地，本区广泛分布。生于岸边、山坡荒地及灌丛。

功用价值：全草药用。

花　　　　　　　　　　花序

果期　　　　　　　　　浆果　　　　　　　　茎、叶、花序

茎、叶、卷须　　　　　　　　　　　叶

六二、远志科 Polygalaceae

225. 瓜子金

学　　名：*Polygala japonica* Houtt.

属　　名：远志属 *Polygala* Linn.

形态特征：多年生草本。茎由基部发出数枝，稍被柔毛。叶互生。总状花序腋生，最上一个花序低于茎的顶端；花蓝紫色，萼片5个，外轮3个小，内轮2个较大，花瓣状；花瓣3枚，基部合生，侧瓣长圆形，长约6mm，基部内侧被短柔毛，龙骨瓣舟状，具流苏状鸡冠状附属物；雄蕊8枚，花丝下部2/3合生成鞘。蒴果周围有较宽的翅，无睫毛。花期5~9月，果熟期7~10月。

分　　布：产于河南各地，本区广泛分布。生于消落带、岸边及山坡草地。

功用价值：根供药用。

果实

花

茎、叶、果　　　　　　　　　　茎、叶、果

六三、无患子科 Sapindaceae

226. 栾树

学　　名：*Koelreuteria paniculata* Laxm.

属　　名：栾属 *Koelreuteria* Laxm.

形态特征：落叶乔木，高可达 30 m。树皮暗褐色，具纵裂纹。树冠广圆形；小枝暗褐色或灰褐色。叶互生，一回、不完全二回或偶有为二回羽状复叶；小叶纸质，卵形或卵状披针形，先端尖，基部常羽状分裂成小叶状，表面无毛，稍具光泽，背面脉上被短柔毛。花黄色，中心紫色，成圆锥花序，顶生。

果实为膜质、膨大的蒴果，边缘具膜质翅；种子圆形或近椭圆形，黑色。花期 5～7 月，果熟期 8～9 月。

分　　布：产于河南各山区，本区广泛分布。生于山坡杂木林，多为栽培。

功用价值：本区山坡优势种树。木材黄白色，质地稍硬，可作各种家具等用；花序大，花期长，果实美观，可作庭园观赏；叶可作染料；种子可榨油、制肥皂等。

叶

果实

花期

植株

六四、槭树科 Aceraceae

227. 色木枫　色木槭　五角枫

学　　名：*Acer pictum* Thunb.

属　　名：槭属 *Acer* Linn.

形态特征：落叶乔木，高达 20 m。树皮暗灰色，纵裂。小枝无毛，棕灰色或灰色。单叶，掌状 5 裂，基部心脏形或几为心脏形，裂片宽三角形，长渐尖；全缘，无毛，仅主脉腋间有簇毛，主脉 5 条，掌状，出自基部。伞房花序顶生，花黄绿色；雄蕊 8 枚。小坚果扁平，卵圆形，果翅长圆形，成钝角开展，翅长约为小坚果的 2 倍，长达 2 cm。花期 5 月，果熟期 9 月。

分　　布：产于河南各山区，本区广泛种植。生于山坡杂木林，部分为栽培。

功用价值：用材，观赏，嫩叶作野菜及茶，枝叶入药。

果实　　　　　　　　　　　　花

枝、叶

叶　　　　　　　　　　　　植株

六五、漆树科 Anacardiaceae

228. 黄连木

学　　名：*Pistacia chinensis* Bunge

属　　名：黄连木属 *Pistacia* Linn.

形态特征：落叶乔木，高达 25 m。叶互生，无托叶，偶数羽状复叶；10～12 小叶，全缘。圆锥花序腋生，花小，雌雄异株；雄花花被片 2～4 个，雄蕊 3～5 枚，花丝极短，与花盘连合或无花盘；雌花花被片 7～9 个，膜质，无退化雄蕊。核果红色均为空粒，不能成苗，绿色果实含成熟种子，可育苗。花期 3～4 月，果期 9～11 月。

分　　布：产于河南各地，本区广泛分布。生于山坡疏林。

功用价值：石漠化治理树种。用材，观赏，油料，嫩叶食用。

雌花序

果实

雄花

叶

秋色叶

植株

229. 盐肤木

学　　名：*Rhus chinensis* Mill.

属　　名：盐肤木属 *Rhus* (Tourn.) Linn. emend. Moench

形态特征：落叶乔木或灌木，高可达 10 m。奇数羽状复叶，7 ~ 13 小叶，叶轴具宽叶翅。花序顶生，宽大，密生锈色柔毛；花白色；雄花花瓣倒卵状长圆形，开花时外卷；雌花花瓣椭圆状卵形，子房卵形，密被白色微柔毛，花柱 3 个，柱头头状。核果扁球形，直径约 5 mm，密被毛，成熟时橘红色。花期 7 ~ 8 月，果熟期 10 ~ 11 月。

分　　布：产于河南各地，本区广泛分布。生于山坡疏林、杂灌丛和荒地。

功用价值：五倍子蚜虫寄生后形成虫瘿，即为五倍子，药用，鞣料，油料，染料，枝叶可作猪饲料。根、叶及花果均可供药用。

花序

果期

果序

茎、叶

植株

230. 红叶

学　　名：*Cotinus coggygria* var. *cinerea* Engl. in Bot. Jahrb

属　　名：黄栌属 *Cotinus* (Tourn.) Mill.

形态特征：灌木，高 3～5 m。叶倒卵形或卵圆形，先端圆形或微凹，全缘，两面或尤其叶背显著被灰色柔毛，侧脉 6～11 对，先端常叉开；叶柄短。圆锥花序被柔毛；花杂性。果肾形，长约 4.5 mm，宽约 2.5 mm，无毛。

分　　布：产于河南各山区，本区南园少量分布。生于山坡疏林、杂灌丛和荒地。

功用价值：水土流失治理树种。木材黄色，古代作黄色染料。树皮和叶可提栲胶。叶含芳香油，为调香原料。嫩芽可炸食。叶秋季变红，美观。

花期　　　　　　　　　　　　　　　　　　花序

枝、叶

叶背面　　　　　　　　　　　　　　植株

六六、苦木科 Simaroubaceae

231. 臭椿

学　　名：*Ailanthus altissima* (Mill.) Swingle

属　　名：臭椿属 *Ailanthus* Desf.

形态特征：落叶乔木，高达 20 余米，树皮平滑而有直纹。叶为奇数羽状复叶，叶柄长 7 ~ 13 cm，有 13 ~ 27 小叶；小叶对生或近对生，先端长渐尖，基部偏斜，两侧各具 1 或 2 个粗锯齿，齿背有腺体 1 个，叶揉碎后具臭味。圆锥花序长 10 ~ 30 cm；花淡绿色；萼片 5 个，覆瓦状排列；花瓣 5 枚；心皮 5 个，花柱黏合，柱头 5 裂。花期 4 ~ 5 月，果期 8 ~ 10 月。

分　　布：产于河南各地，本区广泛分布。生于山坡林中、消落带。

功用价值：本种在石灰岩地区生长良好，可作石灰岩地区的造林树种，石漠化治理优良树种；也可作园林风景树和行道树。木材黄白色，可制作农具、车辆等。叶可饲椿蚕（天蚕）。树皮、根皮、果实均可入药，种子含油。

雌花　　　　　　果实　　　　　　花序　　　　　　雄花

枝、叶、花序

叶　　　　　　　　　　　　　　植株

六七、楝科 Meliaceae

232. 楝

学　　名：*Melia azedarach* Linn.

属　　名：楝属 *Melia* Linn.

形态特征：落叶乔木，高达 30 m。二至三回奇数羽状复叶，小叶卵形、椭圆形或披针形，先端渐尖，基部楔形或圆形，具钝齿，幼时被星状毛，后脱落，侧脉 12～16 对；花芳香；花萼 5 深裂；花瓣淡紫色，倒卵状匙形，长约 1 cm，两面均被毛。核果球形或椭圆形，长 1～2 cm，直径 0.8～1.5 cm。花期 4～5 月，果期 10～12 月。

分　　布：产于河南各地，本区广泛分布。生于消落带、岸边、山坡荒地及疏林。

功用价值：本种生长快，材质好，为家具、农具、箱板等用材。根、茎皮和果入药，可提川楝素，治蛔虫和钩虫。叶、花、皮、种子可作农药。种子含油，可榨油制肥皂、润滑油等。

成熟果实

果期

花

花序

叶、花序

叶

植株

六八、卫矛科 Celastraceae

233. 卫矛

学　　名：*Euonymus alatus* (Thunb.) Siebold

属　　名：卫矛属 *Euonymus* Linn.

形态特征：落叶灌木。小枝四棱，棱上常有扁条状木栓质翅，翅宽达 1 cm。叶对生，窄倒卵形或椭圆形，先端尖，基部楔形，边缘有锐锯齿，无毛。聚伞花序有 3~9 朵花，总花梗长 1~1.5 cm；花淡绿色，直径 5~7 mm，4 数，花盘肥厚方形，雄蕊花丝短。蒴果 4 深裂，常成 4 个分离裂果，或只有 1~3 个裂果，棕色带紫色；种子有橙色假种皮。花期 5 月，果熟期 8~9 月。

分　　布：产于河南各山区，本区南园广泛分布。生于消落带、岸边、山坡荒地及疏林。

功用价值：带栓翅的枝条入中药，叫鬼箭羽。

花

果期

成熟果实

果实开裂、种子、假种皮

秋色叶

果序

花、叶

枝、叶，木栓质翅

植株

234. 曲脉卫矛

学　　名：*Euonymus venosus* Hemsl.

属　　名：卫矛属 *Euonymus* Linn.

形态特征：常绿灌木。小枝黄绿色，无毛。叶对生，革质。基部阔楔形或近圆形，边缘疏生小锯齿或近全缘，侧脉明显并结成长方形网眼，在近叶缘处常回曲呈波状。聚伞花序有 2 朵至数朵花，中央花多不发育；花黄绿色。蒴果圆球状，有 2~4 条内凹浅裂痕，黄白色带粉红色；种子稍呈肾形，被红色假种皮。花期 5~6 月，果熟期 8~9 月。

分　　布：产于伏牛山南部，本区南园少量分布。生于山坡杂木林。

叶正面　　　　　　　　　　　　　叶背面

果实

枝、叶　　　　　　　　　　　　　植株

235. 小果卫矛

学　　名：*Euonymus microcarpus* (Oliv.) Sprague

属　　名：卫矛属 *Euonymus* Linn.

形态特征：常绿灌木或小乔木，高达 6 m。小枝绿色，近圆柱形，无毛，有细小瘤状皮孔。叶对生，卵形或椭圆形，表面绿色，光亮，背面淡绿色，两面无毛，叶脉稍隆起，全缘或有疏齿；叶柄长 8~15 mm。聚伞花序一至二回分枝；花黄绿色；雄蕊有明显花丝；雌蕊有时退化不育。蒴果扁球形，4 裂；种子有红色假种皮。花期 3~6 月，果熟期 9 月。

分　　布：产于河南各山区，本区南园零星分布。生于山坡疏林或石缝中。

功用价值：石漠化治理树种。木材供雕刻及细工用，南阳烙花筷即以此种木材为原料。

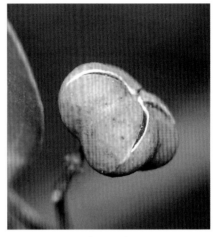

成熟果实

叶、果

叶

植株

236. 苦皮藤

学　　名：*Celastrus angulatus* Maxim.

属　　名：南蛇藤属 *Celastrus* Linn.

形态特征：落叶藤本，长达 7 m。小枝褐色，有 4~6 条锐棱，皮孔明显，髓心片状。叶近革质，长圆状宽卵形或近圆形，边缘有粗钝锯齿，背面脉上有疏毛；叶柄粗壮，长 1~3 cm。聚伞状圆锥花序顶生；花梗粗壮有棱；花黄绿色。果序长达 20 cm，果柄粗短；蒴果黄色，近球形；每室有种子 2 枚，具红色假种皮。花期 6 月，果熟期 9 月。

分　　布：产于河南各山区，本区南园广泛分布。生于消落带、岸边荒地、山坡疏林或林缘。

功用价值：树皮纤维供造纸和人造棉原料，果皮及种仁富含油脂，供工业用油。根皮和茎皮为杀虫剂和灭菌剂，也可入药。

开裂果皮及假种皮

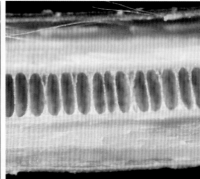

片状髓

叶

果序

果实

植株

六九、芸香科 Rutaceae

237. 竹叶花椒

学　　名：*Zanthoxylum armatum* DC.

属　　名：花椒属 *Zanthoxylum* Linn.

形态特征：小乔木或灌木状。枝基部具宽而扁锐刺；奇数羽状复叶，叶轴、叶柄具翅，下面具皮刺；小叶 3~9(~11) 个，对生，披针形、椭圆形或卵形，齿间或沿叶缘具油腺点，叶下面中脉常被小刺；聚伞状圆锥花序腋生或兼生于侧枝之顶，具花约 30 朵；花被片淡黄色。果紫红色，疏生微凸油腺点，果瓣直径 4~5 mm。花期 4~5 月，果期 8~10 月。

分　　布：产于伏牛山、桐柏山和大别山区，本区广泛分布。生于岸边及山坡灌丛或疏林。

功用价值：果实、枝叶可提取芳香油。种子含脂肪油，可榨油。果皮可作调味品。叶、果及根入药。

果实

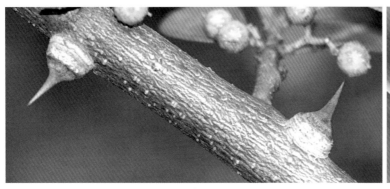

刺

果序

叶、果

枝、叶

238. 枳 枸橘

学　　名：*Poncirus trifoliata* (L.) Raf.

属　　名：枳属 *Poncirus* Raf.

形态特征：落叶灌木或小乔木。分枝多，稍扁平，绿色，有棱角，有粗壮棘刺，刺长 1～3 cm，基部扁平。指状三出复叶；小叶纸质或近革质，卵形、椭圆形或倒卵形，先端圆而微凹，基部楔形，边缘具钝齿或近全缘，有透明腺点及香气，近无毛；叶柄有翅。花单生或成对腋生去年生枝上，常先叶开放，黄白色，有香气。柑果球形，直径 3～5 cm，橙黄色，有香气。花期 4～5 月，果熟期 9～10 月。

花

分　　布：产于河南各地，本区广泛分布。生于消落带及岸边，部分为栽培。

功用价值：作绿篱或作柑橘的砧木。果入药，也可提取有机酸。种子可榨油；叶、花及果皮可提取芳香油。

花序

枝、花

枝、刺、果实

枝、叶、刺

七〇、酢浆草科 Oxalidaceae

239. 酢浆草

学　　名：*Oxalis corniculata* Linn.

属　　名：酢浆草属 *Oxalis* Linn.

形态特征：多年生草本。茎及叶含草酸，有酸味；茎柔弱，常平卧，节上生不定根，被疏柔毛。3 小叶，倒心脏形，被柔毛；叶柄长 2～6.5 cm，被柔毛。花单一至数朵成腋生伞形花序，总花梗与叶柄等长；花黄色，长 8～10 mm；萼片长圆形，先端急尖；花瓣倒卵形。蒴果近圆柱形，长 1～1.5 cm，有 5 条棱，被短柔毛。花期 4～9 月，果熟期 5～10 月。

分　　布：产于河南各地，本区广泛分布。生于消落带、岸边及山坡荒地、路旁。

功用价值：茎、叶可作磨镜或擦铜器材料，全草入药。

花

叶、花、果

花序、叶

植株

七一、牻牛儿苗科 Geraniaceae

240. 野老鹳草

花

学　　名：*Geranium carolinianum* Linn.

属　　名：老鹳草属 *Geranium* Linn.

形态特征：一年生草本，高 20～50 cm。茎直立或斜升，有倒向下的密柔毛。茎下部的叶互生，上部的对生；叶圆肾形，掌状 5～7 深裂，每裂又 3～5 裂，两面有柔毛；下部茎生叶有长柄，上部的柄短。花成对集生于茎端或叶腋；萼片宽卵形，先端有芒尖，有长白毛，在果期增大；花瓣淡红色，与萼片等长或略长。蒴果长约 2 cm，顶端有长喙，成熟时 5 瓣裂，果瓣向上卷曲。花期 4 月，果熟期 5～6 月。

分　　布：原产美洲，我国为逸生，产于河南各地，本区广泛分布。生于消落带、岸边及山坡荒地、路旁。

果序、果期

叶、花

七二、伞形科 Apiaceae

241. 天胡荽

学　　名：*Hydrocotyle sibthorpioides* Lam.

属　　名：天胡荽属 *Hydrocotyle* L.

形态特征：草本。茎匍匐、铺地，节生根。叶圆形或肾状圆形，不裂或 5～7 浅裂，裂片宽倒卵形，有钝齿。伞形花序与叶对生，单生节上，花序梗纤细，长 0.5～3.5 cm，伞形花序有花 5～18 朵。花无梗或梗极短；花瓣绿白色，卵形，长约 1.2 mm；花丝与花瓣等长或稍长；花柱长约 1 mm。果近心形，两侧扁，中棱隆起，幼时草黄色，熟后有紫色斑点。花果期 4～9 月。

分　　布：产于伏牛山、桐柏山及大别山区，本区广泛分布。生于消落带潮湿处。

功用价值：全草入药。

叶

植株

242. 小窃衣

学　　名：*Torilis japonica* (Houtt.) DC.

属　　名：窃衣属 *Torilis* Adans.

形态特征：一年生或二年生草本，全体有贴生短硬毛；茎单生，向上有分枝。叶窄卵形，一至二回羽状分裂，小叶披针形至矩圆形，边缘有整齐条裂状齿牙至缺刻或分裂；叶柄长约 2 cm。复伞形花序；总花梗长 2～20 cm；总苞片 4～10 个，条形；伞幅 4～10，近等长；小总苞片数个，钻形，长 2～3 mm；花梗 4～12；花小，白色。双悬果卵形，长 1.5～3 mm，有斜向上内弯的具钩皮刺。花果期 4～10 月。

分　　布：产于河南各地，本区广泛分布。生于消落带、岸边及山坡荒地。

功用价值：药用。

花序　　　　　　　　　　果实

果序

茎、叶

植株

243. 窃衣

学　　名：*Torilis scabra* (Thunb.) DC.

属　　名：窃衣属 *Torilis* Adans.

形态特征：与小窃衣相似，区别在于，总苞片通常无，很少有 1 个钻形或线形的苞片；伞幅 2～4，长 1～5 cm，粗壮，有纵棱及向上紧贴的粗毛。果实长圆形，长 4～7 mm，宽 2～3 mm。花果期 4～11 月。

分　　布：产于河南各地，本区广泛分布。生于消落带、岸边及山坡荒地。

花　　　　　　　　　　花序　　　　　　　　　　叶

植株

244. 水芹

学　　名：*Oenanthe javanica* (Bl.) DC.

属　　名：水芹属 *Oenanthe* L.

形态特征：多年生草本，无毛。茎基部匍匐。基生叶三角形或三角状卵形，一至二回羽状分裂，最终裂片卵形至菱状披针形，边缘有不整齐尖齿或圆锯齿。复伞形花序顶生；无总苞；伞幅 6 ~ 20；小总苞片 2 ~ 8 个，条形；花梗 10 ~ 25；花白色。双悬果椭圆形或近圆锥形，长 2.5 ~ 3 mm，宽 2 mm，棱显著隆起。花期 6 ~ 7 月，果期 8 ~ 9 月。

分　　布：产于河南各地，本区广泛分布。生于消落带、浅水区及湿地。

功用价值：消落带水质净化。茎叶可作蔬菜食用，民间全草药用。

花序、花　　　　　　　　　　叶　　　　　　　　　　果实

植株

245. 蛇床

学　　名：*Cnidium monnieri* (L.) Cuss.

属　　名：蛇床属 *Cnidium* Cuss.

形态特征：一年生草本。茎有分枝，疏生细柔毛。基生叶矩圆形或卵形，二至三回三出式羽状分裂，最终裂片狭条形或条状披针形；复伞形花序；总花梗长 3 ~ 6 cm；总苞片 8 ~ 10 个，条形，边缘白色，有短柔毛；伞幅 10 ~ 30，不等长；小总苞片 2 ~ 3 个，条形；花梗多数；花白色。双悬果宽椭圆形，背部略扁平棱，果棱成翅状。花期 4 ~ 7 月，果期 6 ~ 10 月。

分　　布：产于河南各地，本区广泛分布。生于消落带、岸边及山坡荒地。

功用价值：果实"蛇床子"入药。

花序　　　　　　　　　　　　　　叶

叶　　　　　　　　　　　　　　植株

246. 野胡萝卜

学　　名：*Daucus carota* L.

属　　名：胡萝卜属 *Daucus* L.

形态特征：二年生草本。茎单生，全体有白色粗硬毛。基生叶薄膜质，长圆形，二至三回羽状全裂，末回裂片线形或披针形，光滑或有糙硬毛；茎生叶近无柄，有叶鞘，末回裂片小或细长。复伞形花序，花序梗有糙硬毛；总苞片有多数苞片，呈叶状，羽状分裂，少有不裂的，裂片线形；伞辐多数，结果时外缘的伞辐向内弯曲；花通常白色，有时带淡红色。果实圆卵形，棱上有白色刺毛。花期 5～7 月。

分　　布：产于河南各地，本区广泛分布。生于消落带、岸边及山坡荒地。

功用价值：坡地水土流失治理。果实入药，也可提取芳香油。

花　　　　　　　　花序　　　　　　　　果实

叶

花序总苞片　　　　　　　　植株

七三、夹竹桃科 Apocynaceae

247. 络石

学　　名：*Trachelospermum jasminoides* (Lindl.) Lem.

属　　名：络石属 *Trachelospermum* Lem.

形态特征：常绿木质藤本，具乳汁。茎赤褐色，圆柱形，有皮孔；小枝被黄色柔毛，老时渐无毛。叶革质或近革质，椭圆形至卵状椭圆形或宽倒卵形；叶面中脉微凹，侧脉扁平，叶背中脉凸起，侧脉每边 6 ~ 12 条。二歧聚伞花序腋生或顶生，花多朵组成圆锥状，与叶等长或较长；花白色，芳香。蓇葖果双生，叉开，无毛，线状披针形；种子顶端具白色绢质种毛。花期 3 ~ 7 月，果期 7 ~ 12 月。

分　　布：产于河南各山区，本区南园广泛分布。生于岸边、山坡林缘、杂木林及岩石。

功用价值：药用。

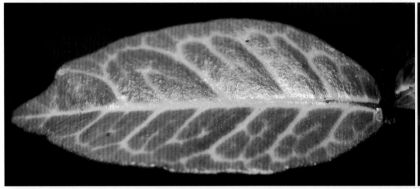

叶　　　　　　　　　　　　　　　　花

枝、叶、果　　　　　　　　　　　　茎、枝、叶、花序

七四、萝藦科 Asclepiadaceae

248. 杠柳

学　　名：*Periploca sepium* Bunge

属　　名：杠柳属 *Periploca* L.

形态特征：蔓性灌木，具乳汁，除花外全株无毛。叶对生，膜质，卵状矩圆形，长 5 ~ 9 cm，宽 1.5 ~ 2.5 cm，顶端渐尖，基部楔形；侧脉多数。聚伞花序腋生，有花几朵；花冠紫红色，花张开直径 1.5 ~ 2 cm，花冠裂片 5，中间加厚，反折，内面被疏柔毛；副花冠环状，顶端 5 裂，裂片丝状伸长，被柔毛；花粉颗粒状，藏在直立匙形的载粉器内。蓇葖果双生，圆箸状，长 7 ~ 12 cm，直径约 5 mm；种子长圆形，顶端具白绢质长 3 cm 的种毛。

分　　布：产于河南各山区，本区广泛分布。生于消落带、岸边及山坡荒地、林缘。

功用价值：石漠化治理。药用，但毒性大。

叶、花序、花

果实　　　　　　　　花　　　　　　花

茎、叶、果实　　　　枝、叶

249. 鹅绒藤

学　　名：*Cynanchum chinense* R. Br.

属　　名：鹅绒藤属 *Cynanchum* L.

形态特征：缠绕草本。主根圆柱状。全株被短柔毛。叶对生，薄纸质，宽三角状心形，两面均被短柔毛，脉上较密。伞形聚伞花序腋生，约 20 朵，两歧；花冠白色，裂片长圆状披针形；副花冠二形，上端裂成 10 个丝状体，分为两轮，外轮约与花冠裂片等长，内轮略短。蓇葖果双生或仅有 1 个发育；种子长圆形，种毛白色绢质。花期 6~8 月，果期 8~10 月。

分　　布：产于河南各地，本区广泛分布。生于消落带、岸边及山坡灌丛。

功用价值：药用。

花序、花

叶正面

叶背面

植株

250. 牛皮消

学　　名：*Cynanchum auriculatum* Royle ex Wight.

属　　名：鹅绒藤属 *Cynanchum* L.

形态特征：蔓性半灌木。宿根肥厚，呈块状。茎圆形，被微柔毛。叶对生，膜质，被微毛，卵状心形。聚伞花序伞房状，着花 30 朵，总梗长 10 cm；花萼裂片卵状长圆形；花冠白色，辐状，裂片反折，内面具疏柔毛；副花冠浅杯状，裂片椭圆形，肉质，钝头，在每裂片内面的中部有 1 个三角形的舌状鳞片。蓇葖果双生，披针形；种子卵状椭圆形种毛白色绢质。花期 6~9 月，果期 7~11 月。

分　　布：产于河南各地，本区广泛分布。生于消落带、岸边、山坡荒地及灌丛。

功用价值：块根药用。

果实

花

叶、花

茎、叶、花序

251. 徐长卿

学　　名：*Cynanchum paniculatum* (Bunge) Kitagawa

属　　名：鹅绒藤属 *Cynanchum* L.

形态特征：多年生直立草本。茎不分枝，稀从根部发生几条、无毛。叶对生，纸质，披针形至线形，两端锐尖，两面无毛或叶面具疏柔毛，叶缘有边毛；侧脉不明显；叶柄长约 3 mm。圆锥状聚伞花序生于顶端的叶腋内；花冠黄绿色，近辐状；副花冠裂片 5，基部增厚，顶端钝。蓇葖果单生，披针形，端部长渐尖；种子长圆形，种毛白色绢质。花期 5~7 月，果期 9~12 月。

分　　布：产于河南各地，本区南园少量分布。生于消落带、岸边、山坡荒地及灌丛。

功用价值：药用。

茎、叶

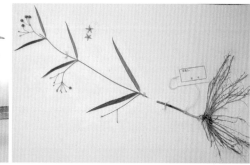

植株

252. 地梢瓜

学　　名：*Cynanchum thesioides* (Freyn) K. Schum.

属　　名：鹅绒藤属 *Cynanchum* L.

形态特征：直立半灌木。地下茎单轴横生。茎自基部多分枝。叶对生或近对生，线形，叶背中脉隆起。伞形聚伞花序腋生；花萼外面被柔毛；花冠绿白色；副花冠杯状，裂片三角状披针形，渐尖，高过药隔的膜片。蓇葖果纺锤形，先端渐尖，中部膨大；种子扁平，暗褐色，长 8 mm；种毛白色绢质，长 2 cm。花期 5~8 月，果期 8~10 月。

分　　布：产于河南各地，本区广泛分布。生于消落带、岸边、山坡荒地及灌丛。

功用价值：全株含橡胶、树脂，可作工业原料。幼果可食，种毛可作填充料。

花

果实

茎、叶、花序、花

253. 隔山消

学　　名：*Cynanchum wilfordii* (Maxim.) Hook. F

属　　名：鹅绒藤属 *Cynanchum* L.

形态特征：草质藤本。茎被单列毛。肉质根近纺锤形，灰褐色。叶对生，薄纸质，卵形，两面被微柔毛；基脉 3~4 条，侧脉每边 4 条。近伞房状聚伞花序半球形，有花 15~20 朵；花萼外面被柔毛；花冠淡黄色，辐状；副花冠裂片近四方形，比合蕊柱短。蓇葖果单生，刺刀形，长 12 cm；种子卵形，顶端具白绢质长 2 cm 的种毛。花期 5~9 月，果期 7~10 月。

分　　布：产于河南各地，本区广泛分布。生于消落带、岸边、山坡荒地及灌丛。

功用价值：块根药用。

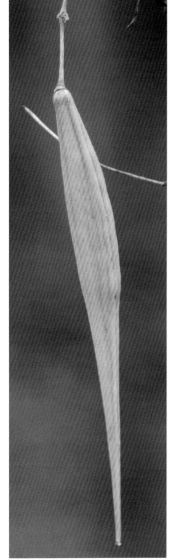

花序、花

果实

肉质根

植株、叶、花序

254. 萝藦

学　　名：*Metaplexis japonica* (Thunb.) Makino

属　　名：萝藦属 *Metaplexis* R. Br.

形态特征：多年生草质藤本，具乳汁。叶对生，卵状心形，无毛，下面粉绿色；叶柄长，顶端丛生腺体。总状式聚伞花序腋生，具长总花梗；花蕾圆锥状，顶端尖；萼片被柔毛；花冠白色，近辐状，裂片向左覆盖，内面被柔毛；副花冠环状 5 短裂，生于合蕊冠上；花柱延伸成长喙，柱头顶端 2 裂。蓇葖果角状，叉生，平滑；种子顶端具种毛。花期 7~8 月，果期 9~12 月。

分　　布：产于河南各地，本区广泛分布。生于消落带、岸边、山坡荒地及灌丛。

功用价值：全株药用。茎皮纤维坚韧，可造人造棉。

花序、花

茎、叶、花序

花序、叶

果

植株

七五、茄科 Solanaceae

255. 枸杞

学　　名：*Lycium chinense* Miller

属　　名：枸杞属 *Lycium* L.

形态特征：灌木，高 1 m 多。枝细长，柔弱，常弯曲下垂，有棘刺。叶互生或簇生于短枝上，卵形、卵状菱形或卵状披针形，全缘。花常 1～4 朵簇生于叶腋；花梗细，长 5～16 mm；花萼钟状；花冠漏斗状，筒部稍宽但短于檐部裂片，长 9～12 mm，淡紫色，裂片有缘毛；雄蕊 5 枚，花丝基部密生绒毛。浆果卵状或长椭圆状卵形，红色；种子肾形，黄色。花果期 6～11 月。

分　　布：产于河南各地，本区广泛分布。生于消落带、岸边、山坡荒地及灌丛。

功用价值：果实（中药称枸杞子）、根皮（中药称地骨皮）药用。嫩叶可作蔬菜。种子油可制润滑油或食用油。由于它耐干旱，可生长在沙地，因此可作为水土保持的灌木。

花　　　　　　　　　　　　果实　　　　　　　　　　　茎、刺、果实

茎、枝、叶、花　　　　　　　　　　　　　　植株

256. 苦蘵

学　　名：*Physalis angulata* L.

属　　名：酸浆属 *Physalis* L.

形态特征：一年生草本，高达 50 cm。茎疏被短柔毛或近无毛。叶卵形或卵状椭圆形，长 3～6 cm，先端渐尖或尖，基部宽楔形或楔形，全缘或具不等大牙齿，两面近无毛。花萼长 4～5 mm，被短柔毛，裂片披针形，具缘毛；花冠淡黄色，喉部具紫色斑纹；花药蓝紫色或黄色，长约 1.5 mm。宿萼卵球状，直径 1.5～2.5 cm，薄纸质。浆果直径约 1.2 cm。种子盘状，直径约 2 mm。花期 5～7 月，果期 7～12 月。

分　　布：产于河南各地，本区广泛分布。生于消落带、岸边及山坡草地。

功用价值：全草药用。

花

果实外宿存花萼

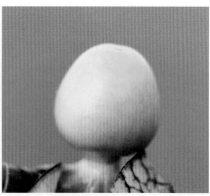
浆果

茎、叶背面、花

植株

花期

257. 龙葵

学　　名：*Solanum nigrum* L.

属　　名：茄属 *Solanum* L.

形态特征：一年生草本，高 0.3～1 m。茎直立，多分枝。叶卵形，全缘或有不规则的波状粗齿，两面光滑或有疏短柔毛；叶柄长 1～2 cm。花序短蝎尾状，腋外生，有 4～10 朵花，总花梗长 1～2.5 cm；花梗长约 5 mm；花萼杯状；花冠白色，辐状，裂片卵状三角形，长约 3 mm；雄蕊 5 枚；子房卵形，花柱中部以下有白色绒毛。浆果球形，熟时黑色；种子近卵形，压扁状。花期 5～8 月，果期 7～11 月。

分　　布：产于河南各地，本区广泛分布。生于消落带、岸边及山坡草地。

功用价值：全草药用。

花序、花　　　　　　　　　　浆果　　　　　　　　　　　叶、花序

258. 珊瑚樱

学　　名：*Solanum pseudocapsicum* L.

属　　名：茄属 *Solanum* L.

形态特征：灌木，高达 2 m。植株无毛。叶窄长圆形或披针形，长 1～6 cm，基部窄楔形下延，全缘或波状，侧脉 4～7 对。花单生，稀双生，或成短总状花序与叶对生或腋外生，花序梗无或极短。花梗长 3～4 mm；花白色，花萼绿色，裂片长约 1.5 mm；冠檐裂片卵形，长约 3.5 mm；花丝长不及 1 mm，花药长约 2 mm。浆果橙红色，果柄长约 1 cm；种子盘状，直径 2～3 mm。花期初夏，果期秋末。

分　　布：原产南美洲，河南各地栽培，逸为野生，本区零星分布。生于消落带、岸边及山坡草地。

功用价值：果色鲜艳，供观赏。

果实　　　　　　　叶、果　　　　　　　　　　　　植株

259. 白英

学　　名：*Solanum lyratum* Thunberg

属　　名：茄属 *Solanum* L.

形态特征：草质藤本，长 0.5 ~ 1 m。茎及小枝密生具节的长柔毛。叶多为琴形，顶端渐尖，基部常 3 ~ 5 深裂或少数全缘，裂片全缘，侧裂片顶端圆钝，中裂片较大，卵形，两面均被长柔毛。聚伞花序，顶生或腋外生，疏花；花梗长 8 ~ 15 mm；花萼杯状，直径约 3 mm，萼齿 5；花冠蓝紫色或白色，5 深裂；雄蕊 5 枚；子房卵形。浆果球形，成熟时黑红色，直径 8 mm。花期 6 ~ 10 月，果期 10 ~ 11 月。

分　　布：产于河南各地，本区广泛分布。生于消落带、岸边、山坡草地、路旁及灌丛。

功用价值：全草药用。

果实

花

茎、叶

植株

260. 牛茄子

学　　名： *Solanum capsicoides* Allioni

属　　名： 茄属 *Solanum* L.

形态特征： 直立草本或半灌木，高 0.3～1 m，全株生有纤毛和细直刺。叶宽卵形顶端急尖或渐尖，基部心形，5～7 浅裂或中裂，裂片三角形或卵形，两面有纤毛，脉上有直刺。聚伞花序腋外生，有 1～4 朵花，花梗纤细；花萼杯状，裂片卵形；花冠白色，檐部 5 裂，裂片披针形，顶端尖；雄蕊 5 枚。浆果扁球状，直径约 3.5 cm，熟时橙红色，果梗有细直刺；种子扁平，直径约 4 mm。

分　　布： 河南各地栽培，南部逸为野生，本区零星分布。生于消落带、岸边、山坡草地、路旁及灌丛。

功用价值： 果有毒，不可食，但色彩鲜艳，可供观赏。含有龙葵碱，可作药用。外来物种，需加强监控。

花

果实

枝、叶、刺

植株

261. 曼陀罗

学　　名：*Datura stramonium* L.

属　　名：曼陀罗属 *Datura* L.

形态特征：直立草本，高1~2m。叶宽卵形，顶端渐尖，基部不对称楔形，边缘有不规则波状浅裂，裂片三角形，有时有疏齿，脉上有疏短柔毛。花常单生于枝分叉处或叶腋，直立；花萼筒状，有5棱角，长4~5 cm；花冠漏斗状，下部淡绿色，上部白色或紫色；雄蕊5枚；子房卵形，不完全4室。蒴果直立，卵状，表面生有坚硬的针刺，或稀仅粗糙而无针刺，成熟后4瓣裂。花期6~10月，果期7~11月。

分　　布：产于河南各地，本区广泛分布。生于消落带、岸边、山坡草地、路旁及灌丛。

功用价值：全株有毒！含莨菪碱，药用。种子油可制肥皂和掺合油漆用。

花　　　　　　　　　　叶、花　　　　　　　　　蒴果直立

成熟果实　　　　　　　　　　　植株

262. 毛曼陀罗

学　　名：*Datura inoxia* Miller

属　　名：曼陀罗属 *Datura* L.

形态特征：与曼陀罗相似，区别：本种全体密生白色细腺毛和短柔毛；蒴果常斜垂。

分　　布：产于河南各地，本区广泛分布。生于消落带、岸边、山坡草地、路旁及灌丛。

功用价值：全株有毒！含莨菪碱，药用。种子油可制肥皂和掺合油漆用。

成熟果实

果实

果实斜垂

花期

叶、花

植株

七六、旋花科 Convolvulaceae

263. 藤长苗

学　　名： *Calystegia pellita* (Ledeb.) G. Don

属　　名： 打碗花属 *Calystegia* R.Br.

形态特征： 多年生草本。茎缠绕，密被短柔毛，圆柱形，少分枝，节间较叶为短。叶互生，矩圆形，两面被毛，全缘，顶端锐尖，有小尖凸，基部截形或近圆形。花单生叶腋，具花梗；苞片 2 个，卵圆形，包住花萼，有毛；萼片 5 个，矩圆状卵形，几无毛；花冠漏斗状，粉红色，光滑，长 4.5 ~ 5 cm，5 浅裂；雄蕊 5 枚，长为花冠的一半，子房 2 室，柱头 2 裂。蒴果球形；种子近圆形，黑褐色。

分　　布： 产于河南各地，本区广泛分布。生于消落带、岸边、山坡草地、路旁及灌丛。

花　　　　　　　　　　　　　　　　苞片

茎、花　　　　　　　　　　　　　　叶

264. 旋花　篱打碗花

学　　名：*Calystegia sepium* (L.) R. Br.

属　　名：打碗花属 *Calystegia* R. Br.

形态特征：多年生草本，全株光滑。茎缠绕或匍匐，有棱角，分枝。叶互生，正三角状卵形，顶端急尖，基部箭形或戟形，两侧具浅裂片或全缘；叶柄长 3~5 cm。花单生叶腋，具长花梗，具棱角；苞片 2 个，卵状心形，顶端钝尖或尖；萼片 5 个，卵圆状披针形，顶端尖；花冠漏斗状，粉红色，5 浅裂；雄蕊 5 枚，花丝基部有细鳞毛；子房 2 室，柱头 2 裂。蒴果球形；种子黑褐色，卵圆状三棱形，光滑。

花

分　　布：产于河南各地，本区广泛分布。生于消落带、岸边、山坡草地、路旁及灌丛。

功用价值：根药用。

果实及苞片

花

茎、叶、果

植株

265. 打碗花

学　　名：*Calystegia hederacea* Wall.

属　　名：打碗花属 *Calystegia* R. Br.

形态特征：一年生草本，高达 30(~40) cm。全株无毛。茎平卧，具细棱。茎基部叶长圆形，先端圆，基部戟形；茎上部叶三角状戟形，侧裂片常 2 裂，中裂片披针状或卵状三角形。花单生叶腋；苞片 2 个，卵圆形，长 0.8~1 cm，包被花萼，宿存；萼片长圆形；花冠漏斗状，粉红色，长 2~4 cm。蒴果卵圆形，长约 1 cm；种子黑褐色，被小疣。

分　　布：产于河南各地，本区广泛分布。生于消落带、岸边、山坡草地、路旁及灌丛。

功用价值：根药用。

花

花侧面、苞片

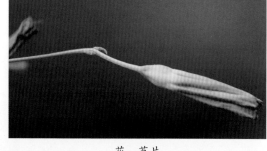

植株

266. 田旋花

学　　名：*Convolvulus arvensis* L.

属　　名：旋花属 *Convolvulus* L.

形态特征：多年生草本。根状茎横走。茎蔓性或缠绕，具棱角或条纹，上部有疏柔毛。叶互生，戟形，全缘或三裂，侧裂片展开，微尖，中裂片卵状椭圆形、狭三角形或披针状长椭圆形，微尖或近圆。花序腋生，有 1~3 朵花，花梗细弱，苞片 2 个，线形，与萼远离；萼片 5 个，光滑或被疏毛，卵圆形，边缘膜质；花冠漏斗状，粉红色，顶端 5 浅裂；雄蕊 5 枚，基部具鳞毛；蒴果球形或圆锥形；种子 4 枚，黑褐色。

分　　布：产于河南各地，本区广泛分布。生于消落带、岸边、山坡草地、路旁及灌丛。

功用价值：全草入药。

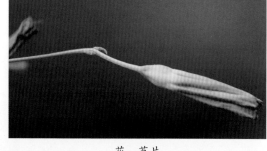

花、苞片

花

茎、叶

267. 牵牛

学　　名：*Ipomoea nil* (Linna.) Roth

属　　名：虎掌藤属 *Ipomoea* L.

形态特征：一年生缠绕草本，茎上被倒向的短柔毛及杂有倒向或开展的长硬毛。叶宽卵形或近圆形，深或浅 3 裂，偶 5 裂，叶面或疏或密被微硬的柔毛。花腋生，单一或通常 2 朵着生于花序梗顶；苞片线形或叶状，被开展的微硬毛；萼片近等长，披针状线形；花冠漏斗状，蓝紫色或紫红色，花冠管色淡；雄蕊及花柱内藏；雄蕊不等长。蒴果近球形，3 瓣裂；种子卵状三棱形，长约 6 mm，黑褐色或米黄色，被褐色短绒毛。

分　　布：本种原产热带美洲，现已广植于热带和亚热带地区，产河南各地，本区广泛分布。生于消落带、岸边、山坡草地、路旁及灌丛。

功用价值：观赏，种子入药。

果　　　　　　　　　　　　　　　花

茎、叶、花

叶　　　　　　　　　　　　　　植株

268. 圆叶牵牛

学　　名：*Ipomoea purpurea* Lam.

属　　名：虎掌藤属 *Ipomoea* L.

形态特征：一年生缠绕草本，茎上被倒向的短柔毛杂有倒向或开展的长硬毛。叶圆心形或宽卵状心形，基部圆，心形，顶端锐尖、骤尖或渐尖，通常全缘，偶有 3 裂，两面疏或密被刚伏毛。花腋生，单一或 2～5 朵着生于花序梗顶端；花梗长 1.2～1.5 cm；萼片近等长；花冠漏斗状，紫红色、红色或白色；雄蕊与花柱内藏；雄蕊不等长，花丝基部被柔毛。蒴果近球形，3 瓣裂；种子卵状三棱形，黑褐色或米黄色，被极短的糠秕状毛。

分　　布：本种原产热带美洲，广泛引植于世界各地，或已成为归化植物，产河南各地，本区广泛分布。生于消落带、岸边、山坡草地、路旁及灌丛。

功用价值：观赏，种子入药。

花色　　　　　　　花色　　　　　　　花色

茎、叶

茎、叶、花　　　　　　　　　茎、叶、花序

七七、菟丝子科 Cuscutaceae

269. 菟丝子

学　　名：*Cuscuta chinensis* Lam.

属　　名：菟丝子属 *Cuscuta* L.

形态特征：一年生寄生草本。茎细，缠绕，黄色，无叶。花多数，簇生，花梗粗壮；苞片 2 个，有小苞片；花萼杯状，5 裂，裂片卵圆形或矩圆形；花冠白色，壶状或钟状，长为花萼的 2 倍，顶端 5 裂，裂片向外反曲；雄蕊 5 枚，花丝短，与花冠裂片互生；鳞片 5，近矩圆形，边缘流苏状。蒴果近球形，稍扁，成熟时被花冠全部包住，长约 3 mm，盖裂；种子 2~4 个，淡褐色，表面粗糙，长约 1 mm。

分　　布：产于河南各地，本区广泛分布。生于消落带、岸边、山坡草地、路旁及灌丛。

功用价值：种子药用。本种为大豆产区的有害杂草，并对胡麻、苎麻、花生、马铃薯等农作物也有为害。

枝、花序　　　　　　　　　　　　　　枝

花

植株　　　　　　　　　　菟丝子与寄主

七八、紫草科 Boraginaceae

270. 田紫草　麦家公

学　　名：*Lithospermum arvense* L.

属　　名：紫草属 *Lithospermum* L.

形态特征：一年生草本。茎高 20～35 cm，有糙伏毛，自基部或上部分枝。叶无柄或近无柄，倒披针形、条状倒披针形或条状披针形，两面有短糙伏毛。花序有密糙伏毛；苞片条状披针形；花有短梗；花萼长约 4.5 mm，5 裂近基部，裂片披针状条形；花冠白色，筒长约 5 mm，檐部直径约 3 mm，5 裂；雄蕊 5 枚，生花冠筒中部之下；子房 4 裂，柱头近球形，顶端不明显 2 裂。小坚果 4 个，淡褐色，无柄，有瘤状突起。花果期 4～8 月。

分　　布：产于河南各地，本区广泛分布。生于消落带、岸边及山坡草地、路旁。

花　　　　　　　　　　花色

花序　　　　　　　　　坚果

成熟坚果　　　　　　　叶、花　　　　　　　　植株

271. 梓木草

学　　名：*Lithospermum zollingeri* A. DC.

属　　名：紫草属 *Lithospermum* L.

形态特征：多年生匍匐草本，有伸展的糙毛。生花的茎高 5~20 cm。基生叶倒披针形或匙形，两面都有短硬毛，下面的毛较密；茎生叶似基生叶，但较小，常近无柄。花有细梗；花萼长约 6.5 mm，5 裂近基部，裂片披针状条形；花冠蓝色，内面上部有 5 条具短毛的纵褶，檐部直径约 1 cm，5 裂；雄蕊 5 枚，生花冠筒中部之下，顶端有短尖；子房 4 裂，柱头 2 浅裂。小坚果椭圆形，白色，光滑。花果期 5~8 月。

分　　布：产于河南各山区，本区广泛分布。生于岸边及山坡林下。

功用价值：果实药用。

花　　　　　　　　　　　　花、叶背面　　　　　　　　　　茎、叶

花

叶　　　　　　　　　　　　茎、叶、花

272. 狼紫草

学　　名：*Lycopsis orientalis* L.

属　　名：狼紫草属 *Lycopsis* L.

形态特征：一年生草本。茎高 10～40 cm，常自下部分枝，有开展的长硬毛。叶匙形、倒披针形或条状矩圆形，边缘有微波状小牙齿，两面疏生硬毛。花序长达 25 cm，苞片狭卵形至条状披针形；花萼长约 4 mm，5 裂，近基部裂片条状披针形，果时不等地增大，星状开展，有硬毛；花冠紫色，裂片 5，喉部有 5 个附属物；雄蕊 5 枚，着生筒的中部之下。小坚果 4 枚，狭卵形，有皱棱和小疣点。花果期 5～7 月。

分　　布：产于太行山和伏牛山区，本区广泛分布。生于消落带、岸边及山坡草地、路旁。

茎、叶、花

花

果实

273. 附地菜

学　　名：*Trigonotis peduncularis* (Trev.) Benth. ex Baker et Moore

属　　名：附地菜属 *Trigonotis* Steven

形态特征：一年生草本。茎直立或渐升，全株有短糙伏毛。基生叶有长柄，叶片椭圆状卵形、椭圆形或匙形；茎下部叶似基生叶，中部以上的叶有短柄或无柄。花序只在基部有 2~3 个苞片；花有细梗；花萼 5 深裂，裂片矩圆形或披针形；花冠蓝色，喉部黄色，5 裂，喉部附属物 5 个；雄蕊 5 枚，内藏；子房 4 裂。小坚果 4 枚，四面体形，长约 0.8 mm，有稀疏的短毛或无毛，有短柄，棱尖锐。花果期 4~7 月。

分　　布：产于河南各地，本区广泛分布。生于消落带、岸边及山坡荒地。

功用价值：花具观赏价值，全草入药。

花序

花

花序、花

花

茎、叶、花序

274. 斑种草

学　　名：*Bothriospermum chinense* Bge.

属　　名：斑种草属 *Bothriospermum* Bge.

形态特征：一年生或二年生草本。茎高 20～40 cm，斜升或直立，有开展的硬毛。基生叶和茎下部叶有柄，匙形或倒披针形，边缘皱波状，两面有短糙毛。花序长达 25 cm；苞片卵形，边缘皱波状；花萼裂片 5，狭披针形；花冠淡蓝色，喉部有 5 个附属物；雄蕊 5 枚，内藏；子房 4 裂，花柱内藏。小坚果 4 枚，生在平的花托上，坚果肾形，长约 2.5 mm，有网状皱褶，内面有横凹陷。花期 4～6 月。

分　　布：产于河南各地，本区广泛分布。生于消落带、岸边及山坡荒地。

果实侧面　　　　　　　　　　　　　　果实正面

花

茎、叶　　　　　　　　　　　　　　植株

275. 多苞斑种草

学　　名：*Bothriospermum secundum* Maxim.

属　　名：斑种草属 *Bothriospermum* Bge.

形态特征：一年生或二年生草本，高 25~40 cm，具直伸的根。茎单一或数条丛生，由基部分枝。基生叶具柄；茎生叶长圆形或卵状披针形，无柄，两面均被基部具基盘的硬毛及短硬毛。花序生茎顶及腋生枝条顶端，花与苞片依次排列，而各偏于一侧；花冠蓝色至淡蓝色，裂片圆形，喉部附属物梯形，先端微凹；花柱圆柱形，极短，柱头头状。小坚果卵状椭圆形，密生疣状突起，腹面有纵椭圆形的环状凹陷。花期 5~7 月。

分　　布：产于太行山和伏牛山，本区广泛分布。生于消落带滩地、岸边、山坡林下及草地。

花

果实

茎、叶、花

276. 琉璃草

学　　名：*Cynoglossum furcatum* Wallich

属　　名：琉璃草属 *Cynoglossum* L.

形态特征：草本。茎高 50 ~ 100 cm，有短毛。基生叶和下部叶有柄，矩圆形，两面密生短柔毛或短糙毛；茎中部以上叶无柄，矩圆状披针形或披针形。花序分枝成钝角叉状分开，无苞片；花冠淡蓝色，檐部直径 4 ~ 6 mm，5 裂，喉部有 5 个梯形附属物；雄蕊 5 枚，内藏；子房 4 裂。小坚果 4 枚，卵形，长 2 ~ 2.8 mm，密生锚状刺。花果期 5 ~ 10 月。

分　　布：产于大别山、桐柏山和伏牛山，本区广泛分布。生于消落带、岸边及山坡草坡、路旁。

功用价值：根、叶药用。

花序　　　　　　　　　　　　茎、叶

果实

花　　　　　　　　　　　　植株

277. 盾果草

学　　名：*Thyrocarpus sampsonii* Hance

属　　名：盾果草属 *Thyrocarpus* Hance

形态特征：一年生草本。茎直立或斜升，常自下部分枝，有开展的糙毛。基生叶丛生，具柄，匙形，两面有细糙毛；茎中部叶较小，无柄，狭矩圆形或倒披针形。花序狭长；苞片狭卵形至披针形；花冠紫色、蓝色或白色，檐部直径 3~6 mm，裂片 5，筒较裂片稍长，在喉部有 5 个附属物；雄蕊 5 枚，内藏。小坚果 4 枚，密生瘤状突起，外面有 2 层碗状突起，突起直立，外层有齿，齿狭三角形，顶端不膨大，内层全缘。花果期 5~7月。

花

分　　布：产于河南各地，本区广泛分布。生于消落带、岸边及山坡草地、路旁。

功用价值：全草药用。

果实正面

果实

花

茎、叶

278. 弯齿盾果草

学　　名：*Thyrocarpus glochidiatus* Maxim.

属　　名：盾果草属 *Thyrocarpus* Hance

形态特征：一年生草本。茎1至数条，直立或斜升，高10～30 cm，常自下部分枝，有开展的糙毛。基生叶在果期枯萎，匙形，或狭倒披针形，两面有短糙毛，茎下部叶似基生叶，长1.5～6.5 cm，宽3～14 mm。花序狭长，长达15 cm，有苞片；苞片狭椭圆形至披针形，长0.5～3 cm；花萼长3 mm，5裂近基部，裂片狭披针形；花冠淡蓝色，檐部直径约4.5 mm，5裂，筒比花萼短，在喉部有5个附属物；雄蕊5枚，内藏；子房4裂。小坚果长约1.5 mm，密生瘤状突起，外面有2层向内弯曲的突起，外层突起有齿，齿狭三角形，顶端膨大，内层突起全缘。

分　　布：产于河南各地，本区广泛分布。生于消落带、岸边及山坡草地、路旁。

功用价值：全草药用。

花

果实

茎、叶、花

七九、马鞭草科 Verbenaceae

279. 马鞭草

学　　名：*Verbena officinalis* L.

属　　名：马鞭草属 *Verbena* L.

形态特征：多年生草本，高30～80 cm。茎四棱形。叶对生，卵圆形至矩圆形，基生叶的边缘通常有粗锯齿和缺刻，茎生叶多数3深裂，裂片边缘有不整齐的锯齿，两面有粗毛。穗状花序顶生或腋生，每朵花有1枚苞片，苞片和萼片都有粗毛；花冠淡紫色或蓝色。果为蒴果，长约2 mm，外果皮薄，成熟时裂为4个小坚果。花期6～8月，果期7～10月。

分　　布：产于河南各地，本区广泛分布。生于消落带、岸边及山坡草地、路旁。

功用价值：全草药用。

叶背面

花序、花

茎、叶、花序

280. 黄荆

学　　名：*Vitex negundo* L.

属　　名：牡荆属 *Vitex* L.

形态特征：灌木或小乔木，枝四棱形，密生灰白色绒毛。掌状复叶，小叶 5 个，间有 3 个，中间小叶最大，两侧依次渐小；小叶片椭圆状卵形以至披针形，顶端渐尖，基部楔形，通常全缘或每边有少数锯齿，下面密生灰白色细绒毛。圆锥花序顶生，长 10 ~ 27 cm；花萼钟状，顶端有 5 裂齿；花冠淡紫色，外面有绒毛，顶端 5 裂，二唇形。果实球形、黑色。花期 4 ~ 6 月，果期 7 ~ 10 月。

分　　布：产于河南各地，本区广泛分布。生于消落带、岸边及山坡灌丛。

功用价值：茎皮可造纸及制人造棉，根、茎、叶药用，花和枝叶可提取芳香油，优质的蜜源植物，为本区域石漠化区的优势物种之一。

花

花序

茎、叶

枝、叶、花

茎、叶、花序

281. 牡荆

学　　名：*Vitex negundo* var. *cannabifolia* (Sieb. et Zucc.) Hand.–Mazz.

属　　名：牡荆属 *Vitex* L.

形态特征：落叶灌木或小乔木。小枝四棱形。叶对生，掌状复叶，5 小叶，少有 3 个；小叶片披针形或椭圆状披针形，顶端渐尖，基部楔形，边缘有粗锯齿，正面绿色，背面淡绿色，通常被柔毛。圆锥花序顶生，长 10～20 cm；花冠淡紫色。果实近球形，黑色。花期 6～7 月，果期 8～11 月。

分　　布：产于河南各地，本区南园广泛、大量分布。生于消落带、岸边及山坡灌丛。

功用价值：茎皮可造纸及制人造棉，根、茎、叶药用，花和枝叶可提取芳香油，优质的蜜源植物，为本区域石漠化区的优势物种之一。

花

花

茎、叶、花序

叶

叶、花序

果实

植株

282. 三花莸

学　　名：*Caryopteris terniflora* Maxim.

属　　名：莸属 *Caryopteris* Bunge.

形态特征：小灌木，高 16～70 cm。枝四棱形，密生灰白色短柔毛。叶卵形或长卵形，顶端钝，基部宽楔形或近截形，边缘有锯齿，两面有短柔毛和金黄色腺点。聚伞花序腋生，通常有花 3～5 朵，极少在茎的下部叶腋为 1 朵；苞片细小；花萼钟状，有毛和腺点，顶端 5 裂，裂片卵状披针形；花冠二唇形，顶端 5 裂，裂片全缘，紫红色或淡红色；雄蕊 4 枚；子房顶端有毛。果实成熟后分裂为 4 个小坚果。花果期 6～9 月。

分　　布：产于河南各地，本区南园广泛分布。生于消落带、岸边及山坡灌丛。

功用价值：全草药用。

| 果实 | 花 |

| 花序 | 植株 | 枝、叶、花序 |

八〇、唇形科 Lamiaceae

283. 金疮小草

学　　名：*Ajuga decumbens* Thunb.

属　　名：筋骨草属 *Ajuga* L.

形态特征：一年生或二年生草本，具匍匐茎，全体略被白色长柔毛。基生叶较茎生叶长而大，叶柄具狭翅；叶片匙形或倒卵状披针形，两面被疏糙伏毛。轮伞花序多花，排列成间断的假穗状花序；花萼漏斗状，10 脉，齿 5 个，近相等；花冠淡蓝色或淡红紫色，稀白色，近基部具毛环，檐部近于二唇形；雄蕊 4 枚，二强，伸出；花盘环状。小坚果倒卵状三棱形，背部具网状皱纹，合生面达果轴长 2/3。花期 3 ~ 7 月，果期 5 ~ 11 月。

分　　布：产于河南南部，本区广泛分布。生于消落带、岸边及山坡草地。

功用价值：全草药用。

花

叶背面

花序

植株

284. 水棘针

学　　名：*Amethystea caerulea* L.

属　　名：水棘针属 *Amethystea* L.

形态特征：一年生草本。茎直立，高 0.3~1 m，圆锥状分枝，被疏柔毛或微柔毛。叶具柄，柄长 0.7~2 cm，具狭翅；叶片轮廓三角形或近卵形，三深裂，稀不裂或五裂，裂片披针形，两面无毛。小聚伞花序排列成疏松的圆锥花序；花萼钟状；花冠蓝色或紫蓝色，花冠筒内藏或略伸出于萼外；前对 2 枚雄蕊能育，伸出，后对退化成假雄蕊；花盘环状，裂片等大。小坚果倒卵状三棱形，背部具网状皱纹。花期 8~9 月，果期 9~10 月。

分　　布：产于河南各地，本区广泛分布。生于消落带、岸边及山坡草地。

功用价值：药用。

茎、叶

花序

花果期

植株

285. 韩信草

学　　名：*Scutellaria indica* L.

属　　名：黄芩属 *Scutellaria* L.

形态特征：多年生上升直立草本。茎常带暗紫色，被微柔毛。叶具柄，心状卵形或卵状椭圆形，两面被微柔毛或糙伏毛。花对生，在茎或分枝顶上排列成总状花序；最下一对苞片叶状，其余均细小；花萼长约 2.5 mm，盾片高约 1.5 mm，果时十分增大；花冠蓝紫色，筒前方基部膝曲，下唇中裂片圆状卵形；雄蕊 4 枚，二强。成熟小坚果卵形，具瘤，腹面近基部具一果脐。花果期 2～6 月。

分　　布：产于河南南部山区，本区广泛分布。生于消落带、岸边、山坡草地及林下。

功用价值：药用。

花序、花　　　　　　植株

286. 半枝莲

学　　名：*Scutellaria barbata* D. Don

属　　名：黄芩属 *Scutellaria* L.

形态特征：多年生直立草本。茎无毛或在花序轴上部疏被紧贴小毛。叶近无柄，三角状卵形或卵状披针形，边缘有疏而钝的浅牙齿，两面沿脉上疏被紧贴的小毛或几无毛。花单生于茎或分枝上部叶腋内；苞片叶状，渐变小；花萼长约 2 mm，盾片高约 1 mm，果时均增大，花冠紫蓝色，筒基部囊大，下唇中裂片梯形；雄蕊 4 枚，二强；花盘前方隆起。小坚果扁球形，具瘤。花果期 4～7 月。

分　　布：产于河南各山区，本区广泛分布。生于消落带、岸边、山坡草地、林下潮湿处。

功用价值：药用。

果期　　　　　　　　花序、花　　　　　　植株

287. 夏至草

学　　名：*Lagopsis supine* (Steph. ex Willd.) Ik.–Gal. ex Knorr.

属　　名：夏至草属 *Lagopsis* (Bunge ex Benth.) Bunge

形态特征：多年生上升草本。高 15 ~ 35 cm，密被微柔毛。叶具长柄，轮廓为圆形，三深裂，越冬叶远较宽大，上面疏生微柔毛，下面沿脉上有长柔毛，其余部分有腺点。轮伞花序疏花；苞片刺状，弯曲；花萼筒状钟形，5 脉，齿 5 个，三角形；花冠白色，稀粉红色，仅在花丝基部偶有微柔毛，上唇全缘，下唇 3 裂，中裂片宽椭圆形；雄蕊 4 枚，二强，着生于花冠筒中部，均内藏。小坚果长卵形，有鳞粃。花期 3 ~ 4 月，果期 5 ~ 6 月。

分　　布：产于河南各地，本区广泛分布。生于消落带、岸边及山坡草地。

功用价值：药用。

轮伞花序　　　　　　　花　　　　　　　植株

288. 活血丹

学　　名：*Glechoma longituba* (Nakai) Kupr.

属　　名：活血丹属 *Glechoma* L.

形态特征：多年生草本，具匍匐茎，上升，逐节生根。茎下部叶较小，心形或近肾形，上部者较大，心形，上面被疏粗伏毛，下面常带紫色，被疏柔毛；叶柄长为叶片 1 ~ 2 倍。轮伞花序少花；苞片刺芒状；花萼筒状，齿 5 个，长披针形，顶端芒状，呈 3/2 式二唇形，上唇 3 个齿较长；花冠淡蓝色至紫色，下唇具深色斑点，筒有长短两型，檐部二唇形，下唇中裂片肾形。小坚果矩圆状卵形。花期 4 ~ 5 月，果期 5 ~ 6 月。

分　　布：产于河南各地，本区广泛分布。生于消落带、岸边及山坡潮湿处。

功用价值：药用。

茎、叶、花序　　　　　　花　　　　　　　植株

289. 夏枯草

学　　名：*Prunella vulgaris* L.

属　　名：夏枯草属 *Prunella* L.

形态特征：多年生上升草本。茎高 10～30 cm，被稀疏糙毛或近于无毛。叶片卵状矩圆形或卵形。轮伞花序密集排列成顶生长 2～4 cm 的假穗状花序；苞片心形，具骤尖头；花萼钟状，二唇形，上唇扁平，顶端几截平，有 3 个不明显的短齿，中齿宽大，下唇 2 裂，裂片披针形，果时花萼由于下唇 2 齿斜伸而闭合；花冠紫色、蓝紫色或红紫色，下唇中裂片宽大，边缘具流苏状小裂片。小坚果矩圆状卵形。花期 4～6 月，果期 7～10 月。

分　　布：产于河南各地，本区广泛分布。生于消落带、岸边潮湿处。

功用价值：药用。

花序、花　　　　　基生叶　　　　　植株

290. 宝盖草

学　　名：*Lamium amplexicaule* L.

属　　名：野芝麻属 *Lamium* L.

形态特征：一年生或二年生上升草本。茎高 10～30 cm，几无毛。叶无柄，圆形或肾形，两面均被疏生的伏毛。轮伞花序 6～10 朵花，其中常有闭花授精型的花；苞片披针状钻形，具睫毛；花萼筒状钟形，齿 5 个，近等大；花冠粉红色或紫红色，筒细长，内无毛环，上唇直立，下唇 3 裂，中裂片倒心形，顶端深凹，基部收缩；花药平叉开，有毛。小坚果倒卵状三棱形，表面有白而大的疣突。花期 3～5 月，果期 7～8 月。

分　　布：产于河南各地，本区广泛分布。生于消落带、岸边及山坡草地。

功用价值：药用。

花序　　　　　花正面　　　　　植株

291. 益母草

学　　名：*Leonurus japonicas* Houttuyn

属　　名：益母草属 *Leonurus* L.

形态特征：一年生或二年生直立草本。茎有倒向糙伏毛。茎下部叶轮廓卵形，掌状三裂，其上再分裂，中部叶通常 3 裂成矩圆形裂片，花序上的叶呈条形或条状披针形，全缘或具稀少牙齿。轮伞花序轮廓圆形，下有刺状小苞片；花萼筒状钟形，5 脉，齿 5 个，前 2 个齿靠合；花冠粉红色至淡紫红色，花冠筒内有毛环，檐部二唇形，上唇外被柔毛，下唇 3 裂，中裂片倒心形。小坚果矩圆状三棱形。花期通常在 6 ~ 9 月，果期 9 ~ 10 月。

分　　布：产于河南各地，本区广泛分布。生于消落带、岸边及山坡草地。

功用价值：药用。

花侧面　　　　　　　　　　轮伞花序　　　　　　　　　　总花序

花期植株　　　　　　　　　　　　　　　　植株

292. 荔枝草

学　　名: *Salvia plebeia* R. Brown

属　　名: 鼠尾草属 *Salvia* L.

形态特征: 一年生或两年生直立草本。茎高 15～90 cm，被下向的疏柔毛。叶椭圆状卵形或披针形，长 2～6 cm，上面疏被微硬毛，下面被短疏柔毛；叶柄密被疏柔毛。轮伞花序具 6 朵花，密集成顶生假总状或圆锥花序；苞片披针形，细小；花萼钟状，外被长柔毛，上唇顶端具 3 个短尖头，下唇 2 个齿，花冠淡红色至蓝紫色，稀白色，筒内有毛环，下唇中裂片宽倒心形。小坚果倒卵圆形，光滑。花期 4～5 月，果期 6～7 月。

分　　布: 产于河南各地，本区广泛分布。生于消落带、岸边及山坡草地。

功用价值: 全草药用。

花

基生叶

花序局部

植株

293. 灯笼草

学　　名： *Clinopodium polycephalum* (Vaniot) C. Y. Wu et Hsuan ex P. S. Hsu

属　　名： 风轮菜属 *Clinopodium* L.

形态特征： 直立多年生草本，茎高达 1 m，基部有时匍匐，被平展糙伏毛及腺毛。叶卵形，基部宽楔形或近圆，疏生圆齿状牙齿，两面被糙伏毛。轮伞花序具多花，球形，组成圆锥花序。花萼长约 6 mm，脉被长柔毛及腺微柔毛，喉部疏被糙硬毛，果萼基部一边肿胀；花冠紫红色，被微柔毛；冠筒伸出，上唇直伸，先端微缺，下唇 3 裂；雄蕊内藏，后对短，花药小，前对伸出，能育。小坚果褐色，卵球形，平滑。花期 7~8 月，果期 9 月。

分　　布： 产于河南各地，本区广泛分布。生于消落带、岸边及山坡林下、灌丛、草地。

功用价值： 全草药用。

花序、花

叶

植株

294. 薄荷

学　　名：*Mentha Canadensis* Linnaeus

属　　名：薄荷属 *Mentha* L.

形态特征：多年生草本。茎上部被微柔毛，下部沿棱被微柔毛。具根茎。叶卵状披针形或长圆形，先端尖，基部楔形或圆形，基部以上疏生粗牙齿状锯齿，两面被微柔毛。轮伞花序腋生，球形。花梗细；花萼管状钟形，被微柔毛及腺点，10 条脉不明显，萼齿窄三角状钻形；花冠淡紫色或白色，稍被微柔毛，上裂片 2 裂，余 3 裂片近等大，长圆形，先端钝。小坚果黄褐色，被洼点。花期 7~9 月，果期 10 月。

分　　布：产于河南各地，本区广泛分布。生于消落带、岸边浅水区及湿地。

功用价值：香料植物，可食用，全草药用。

轮伞花序

植株营养期

根状茎

植株花期

295. 地笋

学　　名：*Lycopus lucidus* Turcz.

属　　名：地笋属 *Lycopus* L.

形态特征：多年生草本。根状茎横走，顶端膨大呈圆柱形，此时在节上有鳞叶及少数须根，或侧生有肥大的具鳞叶的地下枝。叶片矩圆状披针形，下面有凹腺点；叶柄极短或近于无。轮伞花序无梗，球形，多花密集；小苞片卵形至披针形；花萼钟状，齿5个，披针状三角形；花冠白色，内面在喉部有白色短柔毛，不明显二唇形，上唇顶端2裂，下唇3裂。小坚果倒卵圆状三棱形。花期6~9月，果期8~11月。

分　　布：产于河南各地，本区北园少量分布。生于消落带、岸边浅水区及湿地。

功用价值：水质净化，全草药用。

轮伞花序

花

根状茎

植株

296. 香薷

学　　名：*Elsholtzia ciliate* (Thunb.) Hyland.

属　　名：香薷属 *Elsholtzia* Willd.

形态特征：一年生草本。茎高被倒向疏柔毛，下部常脱落。叶片卵形或椭圆状披针形，疏被小硬毛，下面满布橙色腺点。轮伞花序多花，组成偏向一侧、顶生的假穗状花序，花序轴被疏柔毛；苞片宽卵圆形，顶端针芒状，具睫毛，外近无毛而被橙色腺点；花萼钟状，外被毛，齿 5 个，三角形，前 2 个齿较长，齿端呈针芒状；花冠淡紫色，外被柔毛，上唇直立，顶端微凹，下唇 3 裂，中裂片半圆形。小坚果矩圆形。花期 7~10 月，果期 10 月至翌年 1 月。

分　　布：产于河南各地，本区广泛分布。生于消落带、岸边及山坡草地。

功用价值：全草药用。

花　　　　　　　花序正面　　　　　　　　　　　花序侧面

茎、叶、花序　　　　　　　　　　　　　　植株

297. 内折香茶菜

学　　名：*Isodon inflexus* (Thunberg) Kudo

属　　名：香茶菜属 *Isodon* (Benth.) Kudo

形态特征：多年生草本或灌木。根状茎木质，肥大。茎曲折，直立，沿棱上密被下曲具节白色疏柔毛。叶片卵圆形或菱状卵形，两面疏被短柔毛；叶柄上部有翅。聚伞花序具梗，3~5朵花，组成顶生和腋生的狭圆锥花序；苞片与叶同形，渐变小；花萼钟状，外被短柔毛，齿5个，与萼筒等长；花冠淡紫色，外有微柔毛，花冠筒近基部上方浅囊状，上唇4浅裂，下唇较花冠筒长；雄蕊4枚，包藏在花冠下唇内。小坚果椭圆形，无毛。花期8~10月。

分　　布：产于河南各山区，本区广泛分布。生于消落带、岸边及疏林。

花

花序

植株

298. 碎米桠

学　　名：*Isodon rubescens* (Hemsley) H. Hara

属　　名：香茶菜属 *Isodon* (Benth.) Kudo

形态特征：灌木。幼枝带淡红色，密被绒毛。叶卵形或菱状卵形，具粗圆齿状锯齿，侧脉 3 ~ 4 对，带淡红色。聚伞花序具 3 ~ 5(~ 7) 朵花，组成顶生圆锥花序，密被柔毛苞叶具疏齿或近全缘，小苞片钻状线形或线形，被柔毛。花萼钟形，密被灰色柔毛及腺点，带红色，10 条脉，萼齿卵状三角形；花冠长 0.7(~ 1.2) cm，雌花花冠长约 5 mm，被柔毛及腺点，雄蕊及花柱伸出。小坚果淡褐色，倒卵球状三棱形，无毛。花期 7 ~ 10 月，果期 8 ~ 11 月。

分　　布：产于河南各山区，本区广泛分布。生于消落带、岸边及疏林。

功用价值：全草药用。

花序

花

叶

299. 拟缺香茶菜

学　　名：*Isodon excisoides* (Sun ex C. H. Hu) H. Hara

属　　名：香茶菜属 *Isodon* (Benth.) Kudo

形态特征：多年生大型草本。茎多数，被平伏柔毛；叶卵形，先端长渐尖，基部宽楔形骤渐窄下延，具不整齐锯齿状牙齿，有时具缺刻，两面近无毛，沿脉被平伏柔毛，下面疏被淡黄色腺点。聚伞花序具 (1–) 3~5 朵花，组成窄总状花序，顶生或腋生，组成尖塔形圆锥花序；苞叶近无柄，卵形；花萼宽钟形，被柔毛，萼齿三角形，前 2 个齿稍大；花冠淡紫色或紫红色；雄蕊及花柱稍伸出。小坚果褐色，卵球形，无毛。花期 7~9 月，果期 8~10 月。

分　　布：产于太行山及伏牛山，本区广泛分布。生于消落带、岸边及疏林。

花　　　　　　　　　　　茎、叶　　　　　　　　　　　花序

八一、车前科 Plantaginaceae

300. 平车前

学　　名：*Plantago depressa* Willd.

属　　名：车前属 *Plantago* L.

形态特征：一年生草本。有圆柱状直根。基生叶直立或平铺，椭圆形、椭圆状披针形或卵状披针形，边缘有远离小齿或不整齐锯齿，纵脉 5~7 条；叶柄基部有宽叶鞘及叶鞘残余。穗状花序长 4~10 cm，顶端花密生，下部花较疏；苞片三角状卵形，和萼裂片均有绿色突起；萼裂片椭圆形，长约 2 mm；花冠裂片椭圆形或卵形，顶端有浅齿；雄蕊稍超出花冠。蒴果圆锥状，长 3 mm，周裂；种子 5 枚，黑棕色。花期 5~7 月，果期 7~9 月。

分　　布：产于太行山及伏牛山，本区广泛分布。生于消落带、岸边草地。

功用价值：可作野菜少量食用，全草及种子入药。

植株　　　　　　　　　　直根系　　　　　　　　　　花序－果期

301. 车前

学　名：*Plantago asiatica* L.

属　名：车前属 *Plantago* L.

形态特征：多年生草本，高 20 ~ 60 cm，有须根。基生叶直立，卵形或宽卵形，顶端圆钝，边缘近全缘、波状，或有疏钝齿至弯缺，两面无毛或有短柔毛。花莛数个，直立，有短柔毛；穗状花序占上端 1/3 ~ 1/2 处，具疏生绿白色花；苞片宽三角形，较萼裂片短，二者均有绿色宽龙骨状突起；花冠裂片披针形。蒴果椭圆形；种子 5 ~ 6 枚，稀 7 ~ 8 个，矩圆形，长约 1.5 mm，黑棕色。花期 4 ~ 8 月，果期 6 ~ 9 月。

分　布：产于河南各地，本区广泛分布。生于消落带、岸边草地。

功用价值：可作野菜少量食用，全草及种子入药。

果期

花序

基生叶

八二、木樨科 Oleaceae

302. 连翘

学　　名：*Forsythia suspense* (Thunb.) Vahl

属　　名：连翘属 *Forsythia* Vahl

形态特征：灌木，枝条通常弓垂，髓中空。叶对生，卵形、宽卵形或椭圆状卵形，无毛，顶端锐尖，基部圆形至宽楔形，边缘除基部以外有粗锯齿，一部分形成羽状三出复叶。花黄色，先叶开放，腋生，通常单生；花萼裂片 4，矩圆形，和花冠筒略等长；花冠裂片 4，倒卵状椭圆形；雄蕊 2 枚，着生在花冠筒基部。蒴果卵球状，二室，基部略狭，表面散生瘤点。花期 3~4 月，果期 7~9 月。

分　　布：产于河南各山区，本区南园广泛分布。生于岸边、山坡灌丛及林下灌草丛。

功用价值：石漠化治理。果、叶药用，也可作为园林观赏使用。

花　　　　　　老枝、果实　　　　　枝、叶、幼果　　　　枝中空

幼枝、叶

枝、叶　　　　　　　　　　　　枝、花

303. 小叶女贞

学　　名：*Ligustrum quihoui* Carr.

属　　名：女贞属 *Ligustrum* L.

形态特征：落叶灌木。小枝条有微短柔毛。叶薄革质，椭圆形至椭圆状矩圆形，或倒卵状矩圆形，长 1.5～5 cm，无毛，顶端钝，基部楔形至狭楔形，边缘略向外反卷；叶柄有短柔毛。圆锥花序长 7～21 cm，有微短柔毛；花白色，香，无梗；花冠筒和花冠裂片等长；花药超出花冠裂片。核果宽椭圆形，黑色，长 8～9 mm，宽约 5 mm。花期 5～7 月，果期 8～11 月。

分　　布：产于河南各山区，本区少量分布。生于岸边、山坡灌丛及林下灌草丛。

功用价值：石漠化治理。叶、树皮药用，优秀的园林绿化灌丛材料。

花　　　　　　　　　　　　花序　　　　　　　　　　　　果实

花期

叶　　　　　　　　　　　　　　植株

八三、玄参科 Scrophulariaceae

304. 弹刀子菜

学　　名：*Mazus stachydifolius* (Turcz.) Maxim.

属　　名：通泉草属 *Mazus* Lour.

形态特征：多年生草本，全体被多细胞白色长柔毛。有很短的根状茎。茎直立。茎生叶匙形，有短柄；茎生叶对生，上部的常互生，无柄，长矩圆形，边缘具不规则锯齿。总状花序顶生；花萼漏斗状，比花梗长，萼齿略长于筒部，披针状三角形；花冠紫色，上唇2裂，裂片尖锐，下唇3裂，中裂片宽而圆钝，有两条着生腺毛的皱褶直达喉部；子房上部被长硬毛。蒴果卵球形。花期4~6月，果期7~9月。

分　　布：产于河南各地，本区广泛分布，且北园较多。生于岸边、山坡灌丛及林下灌草丛。

果实　　　　　　　　　　　　　　　　茎、叶

茎、叶、花　　　　　　　　　果序　　　　　　　　　花

305. 通泉草

学　　名：*Mazus pumilus* (N. L. Burman) Steenis

属　　名：通泉草属 *Mazus* Lour.

形态特征：一年生草本。茎直立或倾斜，通常自基部多分枝。叶对生或互生，倒卵形至匙形，基部楔形，下延成带翅的叶柄，边缘具不规则粗齿。总状花序顶生，有时茎仅生 1～2 片叶即生花；花梗上部的较短；花萼果期多少增大；花冠紫色或蓝色，上唇短直，2 裂，裂片尖，下唇 3 裂，中裂片倒卵圆形，平头。蒴果球形，与萼筒平。花果期 4～10 月。

分　　布：产于河南各地，本区广泛分布。生于滩涂、岸边、山坡灌丛及林下潮湿草丛。

功用价值：全株药用。

果期　　　　　　　　　　　花　　　　　　　　　　　花侧面

植株　　　　　　　　　　　　　花期植株

306. 匍茎通泉草

学　　名：*Mazus miquelii* Makino

属　　名：通泉草属 *Mazus* Lour.

形态特征：多年生草本，少有疏被柔毛的。茎有直立茎和匍匐茎，直立茎高 10～15 cm，匍匐茎在花期发出。基生叶匙形，有长柄，具粗齿或浅羽裂；茎生叶在直立茎上的多互生，在匍匐茎上的多对生，具短柄，匙形或近圆形，具粗齿。总状花序顶生；花萼钟状漏斗形，萼齿与萼筒等长，披针状三角形；花冠紫色或白色而有紫斑，上唇短直，2 裂，下唇 3 裂片突出，倒卵圆形。蒴果球形，稍伸出萼筒。花果期 2～8 月。

分　　布：产于河南各地，本区广泛分布。生于滩涂、岸边潮湿草丛。

花　　　　　　　　　　　　　　　　　　花序

植株

307. 地黄

学　　名：*Rehmannia glutinosa* (Gaert.) Libosch. ex Fisch. et Mey.

属　　名：地黄属 *Rehmannia* Libosch. ex Fisch. et Mey.

形态特征：多年生直立草本，全体密被白色长腺毛。根肉质。叶多基生，莲座状，叶片倒卵状披针形至长椭圆形，边缘齿钝或尖；茎生叶无或有而远比基生叶小。总状花序顶生，有时自茎基部生花；苞片下部的大，比花梗长，有时叶状，上部的小；花多少下垂；花萼筒部坛状，萼齿 5 枚，反折；花冠紫红色，中端略向下曲，上唇裂片反折，下唇 3 裂片伸直，长方形，顶端微凹；子房 2 室，花后渐变 1 室。蒴果卵形。花果期 4～7 月。

分　　布：产于河南各地，本区广泛分布。生于滩涂、岸边及山坡荒地。

功用价值：根茎药用。

花

花序

果实

花

枝、叶、花序

肉质根

植株

308. 阿拉伯婆婆纳

学　　名： *Veronica persica* Poir.

属　　名： 婆婆纳属 *Veronica* L.

形态特征： 铺散草本，高达 50 cm。茎密生两列柔毛。叶 2～4 对，卵形或圆形，基部浅心形，平截或浑圆，边缘具钝齿，两面疏生柔毛。总状花序很长；苞片互生，与叶同形近等大。花梗长于苞片；花萼果期增大，裂片卵状披针形，有睫毛；花冠蓝色、紫色或蓝紫色，裂片卵形或圆形；雄蕊短于花冠。蒴果肾形，宽大于长，初被腺毛，后近无毛，网脉明显，裂片钝，宿存花柱超出凹口。花期 3～5 月。

分　　布： 原产欧洲西南部，19 世纪后散布世界各地。产于河南各地，本区广泛分布。生于滩涂、岸边及山坡荒地。

花

叶、花

果实

花期

植株

309. 北水苦荬

学　　名：*Veronica anagallis-aquatica* Linnaeus

属　　名：婆婆纳属 *Veronica* L.

形态特征：多年生直立草本，常全体无毛，稀花序轴、花梗、花萼、蒴果有疏腺毛。根状茎斜走。叶对生，无柄，上部叶半抱茎，卵状矩圆形至条状披针形，全缘或有疏而小的锯齿。总状花序腋生，比叶长，多花；花梗上升，与花序轴成锐角，与苞片近等长；花萼4深裂，裂片卵状披针形，急尖；花冠浅蓝色、淡紫色或白色，筒部极短，裂片宽卵形。蒴果卵圆形，顶端微凹，长宽近相等，与花萼近等长。花期4~9月。

分　　布：产于河南各地，本区广泛分布。生于消落带浅水区及湿地。

功用价值：水质净化，果实具虫瘿的全草（仙桃草）药用。

花

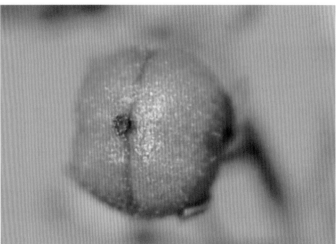

果实

花序　　　　　　　　　　　茎、叶、花序

310. 水苦荬

学　　名：*Veronica unclulata* Wall.

属　　名：婆婆纳属 *Veronica* L.

形态特征：与北水苦荬在体态上极为相似，唯植株稍矮些。叶片有时为条状披针形，通常叶缘有尖锯齿；茎、花序轴、花萼和蒴果上多少有大头针状腺毛；花梗在果期挺直，横叉开，与花序轴几乎成直角，因而花序宽过 1 cm，可达 1.5 cm；花柱也较短，长 1 ~ 1.5 mm。

分　　布：产于河南各地，本区广泛分布。生于消落带浅水区及湿地。

功用价值：水质净化，果实具虫瘿的全草（仙桃草）药用。

果期

茎、叶

花序

植株

八四、爵床科 Acanthaceae

311. 爵床

学　　名：*Justicia procumbens* (L.) Nees

属　　名：爵床属 *Justicia* L.

形态特征：细弱草本。茎基部匍匐，全株有短硬毛，高 20~50 cm。叶椭圆形至椭圆状矩圆形，顶端尖或钝。穗状花序顶生或生上部叶腋；苞片 1 个，小苞片 2 个，均披针形，有睫毛；花萼裂片 4，条形，约与苞片等长，有膜质边缘和睫毛；花冠粉红色，二唇形，下唇 3 浅裂；雄蕊 2 枚，2 药室不等高，较低 1 室具距。蒴果长约 5 mm，上部具 4 枚种子，下部实心似柄状；种子表面有瘤状皱纹。

分　　布：产于河南各地，本区广泛分布。生于消落带及岸边湿润草地。

功用价值：全草入药。

花

花序

茎、叶、花序

八五、紫葳科 Bignoniaceae

312. 楸

学　　名：*Catalpa bungei* C. A. Mey

属　　名：梓属 *Catalpa* Scop.

形态特征：落叶乔木，高达 15 m。叶对生，三角状卵形至宽卵状椭圆形，长 6 ~ 16 cm，顶端渐尖，基部截形至宽楔形，全缘，有时基部边缘有 1 ~ 4 对尖齿或裂片，两面无毛；柄长 2 ~ 8 cm。总状花序呈伞房状，有花 3 ~ 12 朵；萼片顶端有 2 尖裂；花冠白色，内有紫色斑点，长约 4 cm。蒴果长 25 ~ 50 cm，宽约 5 mm；种子狭长椭圆形，长约 1 cm，宽约 2 mm，两端生长毛。花期 4 ~ 5 月，果期 6 ~ 10 月。

分　　布：产于河南各山区，本区零星分布。生于消落带、岸边及山坡杂木林，多为栽培。

功用价值：木材、药用，也是良好的观赏植物，属于优秀的乡土观花大乔木。

花　　　　　　　　　　花序

叶

枝、叶、花序　　　　　果实　　　　　植株

八六、桔梗科 Campanulaceae

313. 秦岭沙参

学　　名：*Adenophora petiolata* Pax et Hoffm.

属　　名：沙参属 *Adenophora* Fisch.

形态特征：多年生草本，有白色乳汁。茎无毛或疏生白色长柔毛。茎生叶互生；叶片草质，卵形或狭卵形，顶端渐尖或尾状渐尖，基部宽楔形或突变狭而下延成叶柄，边缘有粗锯齿，上面有稍密的短毛，下面沿脉网疏生短毛；下部叶具长柄，上部叶无柄。花序不分枝，总状，或下部有少数分枝，呈圆锥状，无毛；花冠钟状，蓝色、浅蓝色或白色；花柱与花冠近等长，稍短于或稍伸出花冠。蒴果卵状椭圆形。花期 7~8 月。

分　　布：产于河南各山区，本区南园少量分布。生于山坡杂木林。

功用价值：药用。

花

花序

肉质根

植株

八七、茜草科 Rubiaceae

314. 鸡仔木

学　　名：*Sinoadina racemosa* (Sieb. et Zucc.) Ridsd.

属　　名：鸡仔木属 *Sinoadina* Ridsd.

形态特征：半常绿或落叶乔木。树皮灰黑色，具纵横短裂纹；枝光亮，深褐色。叶对生，纸质，卵形或椭圆形；侧脉整齐而明显，上面无毛，有光泽，下面仅在脉腋有束毛；叶柄长 2 ~ 3 cm；托叶 2 裂，裂片圆形，早落。头状花序顶生，总状花序式排列；花具小苞片；花冠淡黄色，长 7 mm，外面密被苍白色微柔毛。蒴果倒卵状楔形，长 5 mm，有稀疏的毛。花果期 5 ~ 12 月。

分　　布：产于河南南部山区，本区南园少量分布。生于消落带、岸边、山坡荒地、林缘及灌丛。

功用价值：用材，纤维资源，观赏。

果实

果期

果序、果实

枝、叶

315. 鸡矢藤

学　　名：*Paederia foetida* L.

属　　名：鸡矢藤属 *Paederia* L.

形态特征：藤状灌木，多分枝。叶对生，纸质，形状和大小变异很大，宽卵形至披针形，顶端急尖至渐尖，基部宽楔形、圆形至浅心形，两面无毛或下面稍被短柔毛；叶柄长 1.5～7 cm；托叶三角形，长 2～3 mm。聚伞花序排成顶生带叶的大圆锥花序或腋生而疏散少花，末回分枝常延长，一侧生花；花和果与广西鸡矢藤相似，但较大，花冠紫蓝色，通常被绒毛。核果直径达 7 mm。花期 5～6 月。

分　　布：产于河南各地，本区广泛分布。生于消落带、岸边、山坡荒地、林缘及灌丛。

功用价值：纤维资源，全草药用。

果实

植株

花

茎、叶

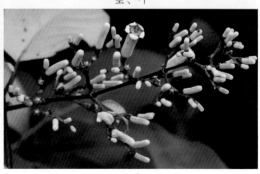

花序

316. 茜草

学　　名：*Rubia cordifolia* L.

属　　名：茜草属 *Rubia* L.

形态特征：草质攀缘藤本。小枝有明显的 4 棱角，棱上有倒生小刺。叶 4 片轮生，纸质，卵形至卵状披针形，上面粗糙，下面脉上和叶柄常有倒生小刺，基出脉 3 或 5 条；叶柄长短不齐。聚伞花序通常排成大而疏松的圆锥花序状，腋生和顶生；花小，黄白色，5 数，花冠辐状。浆果近球状，黑色或紫黑色，有 1 颗种子。花期 8 ~ 9 月，果期 10 ~ 11 月。

分　　布：产于河南各地，本区广泛分布。生于消落带、岸边、山坡荒地、林缘及灌丛。

功用价值：根药用。

花　　　　　　　　　　　茎、叶　　　　　　　　　　叶、花序

317. 金剑草　披针叶茜草

学　　名：*Rubia alata* Roxb.

属　　名：茜草属 *Rubia* L.

形态特征：草质攀缘藤本。茎、枝有 4 棱或 4 翅，棱有倒生皮刺。叶 4 片轮生，薄革质，窄披针形或披针形，有小皮刺，两面均粗糙，基出脉 3 或 5 条；叶柄 2 长 2 短。花序腋生或顶生，花序轴和分枝有小皮刺。花梗长 2 ~ 3 mm；小苞片卵形；花冠白色或淡黄色，无毛。浆果成熟时黑色，球形或双球形。花期夏初至秋初，果期秋冬季节。

分　　布：产于河南西南部。本区广泛分布。生于消落带、岸边、山坡荒地、林缘及灌丛。

功用价值：根药用。

叶　　　　　　　　　　花序、花　　　　　　　　　　茎、叶

318. 猪殃殃　拉拉藤

学　　名：*Galium spurium* L.

属　　名：拉拉藤属 *Galium* L.

形态特征：蔓生或攀缘状草本。茎有4棱。棱上、叶缘、叶中脉均有倒生小刺毛。叶纸质或近膜质，6~8片轮生，带状倒披针形，两面常有紧贴刺毛，常萎软状，干后常卷缩，1脉；近无柄。聚伞花序腋生或顶生。花4数，花梗纤细；花萼被钩毛；花冠黄绿色或白色，辐状。果干燥，密被钩毛，果柄直。花期3~7月，果期4~11月。

分　　布：产于河南西南部，本区广泛分布。生于消落带、岸边、山坡荒地、林缘及灌丛。

花

茎、叶、花序

茎、叶侧面

茎、叶正面

植株

八八、忍冬科 Caprifoliaceae

319. 烟管荚蒾

学　名：*Viburnum utile* Hemsl.

属　名：荚蒾属 *Viburnum* L.

形态特征：常绿灌木。幼枝密被淡灰褐色星状毛，老枝棕褐色，冬芽无鳞片。叶革质，椭圆状卵形至卵状矩圆形，下面被灰白色星状毡毛，全缘或很少有少数不明显疏浅齿，侧脉 5~6 对。聚伞花序直径 5~7 cm，总花梗粗壮，第一级辐射枝通常 5 条，花通常生于第二至第三级辐射枝上；萼筒筒状，无毛；花冠白色，花蕾时带淡红色，辐状。果实红色，后变黑色，椭圆状矩圆形至椭圆形。花期 3~4 月，果熟期 8 月。

分　布：产于河南西南部，本区南园广泛分布。生于山坡灌丛或林下。

功用价值：石漠化治理。民间用茎枝做烟管，是优秀的园林储备绿化树种。

花	花序、花	枝、叶背面
果实成熟期	果序	叶正面

320. 郁香忍冬

学　　名：*Lonicera fragrantissima* Lindl. et Paxt.

属　　名：忍冬属 *Lonicera* L.

形态特征：半常绿灌木，高达 2 m。幼枝有刺刚毛。叶倒卵状椭圆形至卵状矩圆形，长 4 ~ 10 cm，顶端尖或凸尖，近革质。总花梗长 0.5 ~ 1 cm，从当年枝基部苞腋中生出；相邻两花萼筒合生达中部以上，萼檐环状；花芳香，先于叶开放；花冠白色或带粉红色，唇形，花冠筒长约 5 mm，基部具浅囊，上唇具 4 裂片，下唇长约 1 cm。浆果红色，椭圆形，长约 1 cm，熟时可食。花期 2 月中旬至 4 月，果熟期 4 月下旬至 5 月。

分　　布：产于伏牛山、大别山、太行山、桐柏山区，本区南园广泛分布。生于山坡林下、灌丛及路旁。

功用价值：果可食，具有较好的景观效果。

| 果实 | 枝、果序 | 果期 | 枝、叶正面 |

枝、叶背面

花

茎、叶、果实

321. 苦糖果

学　　名：*Lonicera fragrantissima* var. *lancifolia* (Rehder) Q. E. Yang

属　　名：忍冬属 *Lonicera* L.

形态特征：落叶灌木。小枝和叶柄有时具短糙毛。叶卵形、椭圆形或卵状披针形，呈披针形或近卵形者较少，通常两面被刚伏毛及短腺毛或至少下面中脉被刚伏毛，有时中脉下部或基部两侧夹杂短糙毛。花柱下部疏生糙毛。花期1月下旬至4月上旬，果熟期5~6月。

分　　布：产于伏牛山及太行山，本区南园广泛分布。生于山坡林下及灌丛。

功用价值：观花、观果。冬春开花，春节盛花，香味浓郁。

花

枝、花

果实

叶

果期

322. 忍冬 二花 金银花

学　　名：*Lonicera japonica* Thunb.

属　　名：忍冬属 *Lonicera* L.

形态特征：半常绿藤本。幼枝密被开展的硬直糙毛、短柔毛和腺毛。叶宽披针形至卵状椭圆形，顶端短渐尖至钝，基部圆形至近心形，幼时两面有毛，后上面无毛。总花梗单生上部叶腋；苞片大，叶状，卵形；萼筒无毛；花冠先白色略带紫色，后转黄色，外面有柔毛和腺毛，唇形。浆果球形，黑色。花期 4 ~ 6 月（秋季亦常开花），果熟期 10 ~ 11 月。

分　　布：产于河南各山区，本区广泛分布。生于消落带、山坡林下、灌丛及路旁。

功用价值：石漠化治理，花药用。

果实

茎、叶、花

茎、叶

植株

八九、败酱科 Valerianaceae

323. 墓头回　异叶败酱

学　　名：*Patrinia heterophylla* Bunge

属　　名：败酱属 *Patrinia* Juss.

形态特征：多年生草本。稍被短毛。基生叶有长柄，边缘圆齿状；茎生叶互生，茎基叶常 2~3 对羽状深裂，中央裂片较两侧裂片稍大或近等大。花黄色，成顶生及腋生密花聚伞花序，总花梗下苞片条状 3 裂，分枝下者不裂，与花序等长或稍长；花萼不明显；花冠筒状，筒内有白毛。瘦果长方形或倒卵形，顶端平。翅状果苞干膜质，顶端钝圆。花期 7~9 月，果期 8~10 月。

分　　布：产于河南各山区，本区广泛分布。生于消落带、山坡林下、草丛及路旁。

功用价值：根药名"墓头回"，含挥发油。

花

花序

植株

九〇、菊科 Asteraceae

324. 林泽兰

学　　名：*Eupatorium lindleyanum* DC.

属　　名：泽兰属 *Eupatorium* L.

形态特征：多年生草本。茎枝密被白色柔毛，下部及中部红色或淡紫红色。中部茎生叶长椭圆状披针形或线状披针形，不裂或 3 全裂，基部楔形，两面粗糙，被白色粗毛及黄色腺点，全部茎叶基出三脉，边缘有深或浅犬齿，几无柄。花序分枝及花梗密被白色柔毛；总苞钟状，总苞片约 3 层；苞片绿色或紫红色。花白色、粉红色或淡紫红色，花冠外面散生黄色腺点。瘦果黑褐色，椭圆状，散生黄色腺点；冠毛白色。花果期 5~12 月。

分　　布：产于河南各山区，本区南园广泛分布。生于消落带、山坡林下及草地湿处。

功用价值：枝叶入药。

花序、花

花序、花

茎、叶

植株

325. 全叶马兰

学　　名：*Aster pekinensis* (Hance) Kitag.

属　　名：紫菀属 *Aster* L.

形态特征：多年生草本，高 50～120 cm。叶密，互生，条状披针形、倒披针形或矩圆形，顶端钝或尖，基部渐狭，无叶柄，全缘，两面密被粉状短绒毛。头状花序单生于枝顶排成疏伞房状；总苞片 3 层，上部草质，有短粗毛及腺点；舌状花 1 层，舌片淡紫色。瘦果倒卵形，浅褐色，扁平；冠毛褐色，不等长，易脱落。花期 6～10 月，果期 7～11 月。

分　　布：产于河南各地，本区南园广泛分布。生于消落带、岸边、山坡草地。

功用价值：岸边、消落带水土流失治理，枝叶入药。

头状花序

头状花序背面

植株

326. 马兰

学　　名： *Aster indicus* L.

属　　名： 紫菀属 *Aster* L.

形态特征： 多年生草本。叶互生，薄质，倒披针形或倒卵状矩圆形，顶端钝或尖，基部渐狭无叶柄，边缘有疏粗齿或羽状浅裂，上部叶小，全缘，两面近无毛。头状花序单生于枝顶排成疏伞房状；总苞片 2~3 层，上部草质，有疏短毛；舌状花 1 层，舌片淡紫色。瘦果倒卵状矩圆形，极扁，褐色。花期 5~9 月，果期 8~10 月。

分　　布： 产于河南各地，本区广泛分布。生于消落带、岸边、山坡草地。

功用价值： 药用，幼叶作蔬菜称"马兰头"。

头状花序

花序背面

茎、叶

植株

327. 山马兰

学　　名：*Aster lautureanus* (Debeaux) Franch.

属　　名：紫菀属 *Aster* L.

形态特征：多年生草本。茎直立，上部分枝。叶互生，质厚，披针形或矩椭圆状披针形，顶端渐尖或钝，基部渐狭无柄，边全缘或有疏齿或羽状浅裂，常有短粗毛。头状花序直径 2 ~ 3.5 cm，单生于枝顶排成伞房状；总苞半球形；苞片近革质，边缘膜质，有睫毛；舌状花 1 层，舌片浅紫色。瘦果倒卵形，有边肋。花期 5 ~ 9 月，果期 8 ~ 10 月。

分　　布：产于河南各地，本区广泛分布。生于消落带、岸边、山坡草地。

功用价值：药用，幼叶作蔬菜称"马兰头"。

头状花序

头状花序侧面

叶正面

叶背面

植株

328. 柚香菊　羽叶马兰

学　　名：*Aster iinumae* Kitam.

属　　名：紫菀属 *Aster* L.

形态特征：多年生草本。茎粗壮，具细条纹，被向上伏贴短毛或下部无毛，上部有分枝；叶有短柄或近无柄，羽状中裂至深裂，稀全裂；头状花序，单生分枝顶端或 2 ~ 3 个成伞房花序；舌状花蓝紫色或淡红紫色；筒状花黄色；雄花花柱外露，雌花和两性花均能结实。果实倒卵形，黄褐色无毛或仅先端具疏短毛；冠毛极短，不等长，基部稍结合。花期 7 ~ 9 月，8 月果实渐次成熟。

分　　布：产于伏牛山、太行山区，本区南园有分布。生于山坡、山谷草丛、路旁及林缘。

头状花序　　　　　茎、叶　　　　　植株

329. 狗娃花

学　　名：*Aster hispidus* Thunb.

属　　名：紫菀属 *Aster* L.

形态特征：一年生或二年生草本，多少被粗毛。叶互生，狭矩圆形或倒披针形，顶端渐尖或钝，基部渐狭成叶柄，通常全缘，有疏毛，上部叶小，条形。头状花序单生于枝顶排成圆锥伞房状；总苞片 2 层，草质；舌状花约 30 多个，舌片浅红色或白色，条状矩圆形；筒状花有 5 裂片，其中 1 裂片较长。瘦果倒卵圆形，扁，有细边肋，被密毛。花期 7 ~ 9 月，果期 8 ~ 9 月。

分　　布：产于河南各地，本区广泛分布。生于消落带、岸边、山坡草地。

头状花序、管状花　　　　　花　　　　　植株

330. 钻叶紫菀

学　　名：*Symphyotrichum subulatum* (Michx.) G. L. Nesom

属　　名：联毛紫菀属 *Symphyotrichum* Nees

形态特征：一年生草本，高可达 150 cm。主根圆柱状，向下渐狭；茎单一，直立，茎和分枝具粗棱，光滑无毛；基生叶在花期凋落；茎生叶多数，叶片披针状线形，极稀狭披针形，两面绿色，光滑无毛，中脉在背面凸起，侧脉数对；头状花序极多数，花序梗纤细、光滑，总苞钟形，总苞片外层披针状线形，内层线形，边缘膜质，光滑无毛。雌花花冠舌状，舌片淡红色、红色、紫红色或紫色，线形，两性花花冠管状，冠管细。瘦果线状长圆形，稍扁。花果期 6～10 月。

分　　布：原产北美，现河南各地均有分布，本区广泛分布。生于消落带、岸边、山坡草地等。

功用价值：全草药用。

果期　　　　　　头状花序侧面、总苞片

头状花序正面　　　　　叶　　　　　　　　植株

331. 一年蓬

学　　名：*Erigeron annuus* (L.) Pers.

属　　名：飞蓬属 *Erigeron* L.

形态特征：一年生或二年生草本。茎下部被长硬毛，上部被上弯短硬毛。基部叶长圆形或宽卵形，稀近圆形，基部窄成具翅长柄，具粗齿；下部茎生叶与基部叶同形，叶柄较短；中部和上部叶长圆状披针形或披针形，具短柄或无柄，有齿或近全缘；最上部叶线形。头状花序数个或多数，排成疏圆锥花序，总苞半球形，淡绿色或多少褐色，背面密被腺毛和疏长毛；外围雌花舌状，上部被疏微毛，舌片平展，白色或淡天蓝色，线形；中央两性花管状，黄色；冠毛异形，雌花冠毛极短。花期 6 ~ 9 月。

分　　布：原产北美洲，现河南各地均产，本区广泛分布。生于消落带、岸边、山坡草地。

功用价值：全草入药。

头状花序　　　　　　　　头状花序

叶

茎、叶、花序

植株

332. 香丝草

学　　名：*Erigeron bonariensis* L.

属　　名：飞蓬属 *Erigeron* L.

形态特征：一年生或二年生草本。植株灰绿色，茎密被贴短毛，兼有疏长毛。下部叶倒披针形或长圆状披针形，基部渐窄成长柄，具粗齿或羽状浅裂；中部和上部叶具短柄或无柄，窄披针形或线形，中部叶具齿，上部叶全缘；叶两面均密被糙毛。头状花序径在茎端排成总状或总状圆锥花序；总苞椭圆状卵形，总苞片 2～3 层，具干膜质边缘。雌花多层，白色，花冠细管状，无舌片或顶端有 3～4 细齿；两性花淡黄色，花冠管状。瘦果线状披针形，被疏短毛；冠毛 1 层，淡红褐色。花果期 5～10 月。

分　　布：原产南美洲，现河南各地均产，本区广泛分布。生于消落带、岸边、山坡草地及林缘。

功用价值：全草入药。

果熟期　　　　　头状花序

花序　　　　　　果序　　　　　　　　　植株

333. 小蓬草

学　　名：*Erigeron canadensis* L.

属　　名：飞蓬属 *Erigeron* L.

形态特征：一年生草本。具锥形直根。茎有细条纹及粗糙毛。叶条状披针形或线形，基部狭，无明显叶柄，顶端尖，全缘或具微锯齿，边缘有长睫毛。头状花序多数直径约 4 mm，有短梗，排列成顶生多分枝的大圆锥花序；总苞半球形；总苞片 2~3 层，条状披针形，边缘膜质；舌状花直立，白色微紫，条形至披针形；两性花筒状，5 齿裂。瘦果矩圆形；冠毛污白色，刚毛状。花期 5~9 月。

分　　布：产于河南各地，本区广泛分布。生于消落带、岸边、山坡草地及林缘。

功用价值：嫩茎、叶作猪饲料，全草入药。

头状花序正面　　　　　　　头状花序侧面　　　　　　　果熟期

植株　　　　　　茎、叶、花序　　　　　　　　群落

334. 丝棉草

学　　名：*Pseudognaphalium luteoalbum* (Linnaeus) Hilliard & B. L. Burtt

属　　名：鼠曲草属 *Pseudognaphalium* Kirp.

形态特征：一年生草本。茎被白色厚绵毛。茎下部叶匙形，基部下延，先端钝圆，两面被白色厚绵毛，具 1 脉；上部叶匙状长圆形，稀线形，基部稍抱茎。头状花序，近无梗，在枝顶密集成伞房状，花淡黄色；总苞近钟形，总苞片 2 ~ 3 层，金黄色、淡黄色或亮褐色，有光泽，外层倒卵形，背面脊上被绵毛，基部具爪，内层长匙形，背面无毛。瘦果圆柱形或倒卵状圆柱形，有乳突；冠毛粗糙，污白色。花期 5 ~ 9 月，果熟期 9 ~ 10 月。

分　　布：产于河南各地，本区广泛分布。生于消落带、岸边、山坡草地及林缘。

功用价值：嫩茎、叶作猪饲料，全草入药。

头状花序正面　　　　　　　　　茎、叶

茎、叶、花序　　　　　　　　　植株

335. 鼠曲草

学　　名：*Pseudognaphalium affine* (D. Don) Anderberg

属　　名：鼠曲草属 *Pseudognaphalium* Kirp.

形态特征：一年生草本。茎上部不分枝，有沟纹，被白色厚绵毛。叶无柄，匙状倒披针形或倒卵状匙形，上部叶基部渐狭，稍下延，顶端圆，具刺尖头，两面被白色绵毛，上面常较薄，叶脉1条。头状花序较多或较少数，近无柄，在枝顶密集成伞房花序，花黄色至淡黄色；总苞钟形；总苞片2～3层，金黄色或柠檬黄色，膜质，有光泽，花冠顶端扩大，3齿裂，裂片无毛。瘦果倒卵形或倒卵状圆柱形，有乳头状突起，冠毛基部联合成2束。花期1～4月，果期8～11月。

茎、叶

分　　布：产于河南各地，本区广泛分布。生于消落带、岸边、山坡草地。

功用价值：全草入药。

花序正面

花序侧面

群落

植株

336. 欧亚旋覆花

学　　名：*Inula britannica* L. (Compositae)

属　　名：旋覆花属 *Inula* L.

形态特征：多年生草本，茎被长柔毛。叶矩椭圆状披针形，基部宽大，心形或有耳，半抱茎，边缘有疏浅齿或近全缘；上面无毛或被疏伏毛，下面被密伏柔毛，有腺点。头状花序生于茎枝端，直径 2.5～5 cm；总花梗被密长柔毛；总苞片 4～5 层，条状披针形，被毛、睫毛和腺点；舌状花黄色，舌片条形；筒状花有 5 个三角状披针形裂片。瘦果圆柱形，有浅沟，被短毛；冠毛白色，与筒状花约等长。花期 7～9 月，果期 8～10 月。

分　　布：产于河南各地，本区广泛分布。生于消落带、岸边、山坡潮湿草地。

功用价值：全草入药。

茎、叶　　　　头状花序　　　　植株

337. 旋覆花

学　　名：*Inula japonica* Thunb.

属　　名：旋覆花属 *Inula* L.

形态特征：多年生草本，被长伏毛。叶狭椭圆形，基部渐狭或有半抱茎的小耳，无叶柄，边缘有小尖头的疏齿或全缘，下面有疏伏毛和腺点。头状花序直径 2.5～4 cm，多或少数排成疏散伞房状，梗细；总苞片 5 层，条状披针形，仅最外层披针形而较长；舌状花黄色，顶端有 3 小齿；筒状花长约 5 mm。瘦果圆柱形，顶端截，被疏短毛；冠毛白色，与筒状花近等长。花期 6～10 月，果期 9～11 月。

分　　布：产于河南各地，本区广泛分布。生于消落带、岸边、山坡潮湿草地。

功用价值：全草入药。

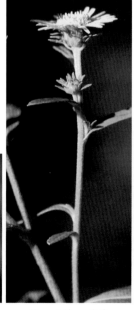

头状花序　　　　茎、叶基、花序　　　　植株

338. 烟管头草

学　　名：*Carpesium cernuum* L.

属　　名：天名精属 *Carpesium* L.

形态特征：多年生草本。茎枝被白色长柔毛，上部毛较密。下部叶匙状矩圆形，基部楔状收缩成具翅的叶柄，边缘有不规则的锯齿，两面有白色长柔毛和腺点；中部矩圆形或矩圆状披针形，叶柄短。头状花序在茎和枝顶端单生；总苞杯状；总苞片4层，外层叶状，披针形，与内层苞片等长或稍长，有长柔毛，中层和内层苞片干膜质，矩圆形，无毛；花黄色，外围的雌花筒状，3~5齿裂；中央的两性花有5个裂片。瘦果条形，长约5 mm，有细纵条，顶端有短喙和腺点。花期8~9月，果期9~10月。

分　　布：产于河南各地,本区广泛分布。生于消落带、岸边、山坡草地及灌丛。

功用价值：全草入药。

头状花序侧面　　　　头状花序正面　　　　植株

339. 大花金挖耳

学　　名：*Carpesium macrocephalum* Franch. et Sav.

属　　名：天名精属 *Carpesium* L.

形态特征：多年生草本。茎直立，高50~120 m，有密短柔毛或下部近无毛。下部叶宽卵形，长达30~40 cm，宽10~15 cm，基部下延成具宽翅的叶柄，边缘有不规则的重齿，两面有短柔毛，中部和上部叶渐小，倒卵状矩圆形或卵状披针形。头状花序单生于茎和枝顶端，直径2.5~3.5 cm，下垂，基部有叶状苞片；总苞杯状；总苞片3层，外层与苞片相似，中层矩圆状条形，密生短柔毛，内层条状匙形，有睫毛；外围的雌花5裂，中央的两性花有5裂片。瘦果圆柱状，稍弯，长6~7 mm，顶端收缩成喙，有腺点。

分　　布：产于伏牛山、太行山区，本区南园少量分布。生于山坡林缘、山谷湿地等。

基生叶　　　　　　　头状花序　　　　　　茎、叶、花序

340. 天名精

学　　名：*Carpesium abrotanoides* L.

属　　名：天名精属 *Carpesium* L.

形态特征：多年生草本。茎密生短柔毛，下部近无毛。下部叶宽椭圆形或矩圆形，基部渐狭成柄，边缘有不规则锯齿或全缘，上面有贴短毛，下面有短柔毛和腺点，上部叶渐小，无叶柄。头状花序多数，生茎端及沿茎、枝生于叶腋，近无梗；总苞钟状球形；总苞片 3 层，外层卵形，有短柔毛，中层和内层矩圆形，无毛；花黄色，外围的雌花花冠丝状，中央的两性花花冠筒状。瘦果条形，顶端有短喙，有腺点。花期 6 ~ 7 月，果期 8 ~ 9 月。

分　　布：产于河南各地，本区广泛分布。生于消落带、岸边、山坡草地及灌丛。

功用价值：果实药用。

茎、苞片、头状花序　　　　　茎、叶

植株

341. 苍耳

学　　名：*Xanthium strumarium* L.

属　　名：苍耳属 *Xanthium* L.

形态特征：一年生草本。全株背白色糙伏毛，叶三角状卵形或心形，边缘具不规则的缺刻或粗锯齿。基出三脉，两面被贴生的糙伏毛；叶柄长 3 ~ 11 cm。雄头状花序球形，密生柔毛；雌头状花序椭圆形，内层总苞片结成囊状。成熟的具瘦果的总苞变坚硬，绿色、淡黄色或红褐色，外面疏生具钩的总苞刺，苞刺长 1 ~ 1.5 mm，喙长 1.5 ~ 2.5 mm。瘦果 2 个，倒卵形。花期 7 ~ 8 月，果期 9 ~ 10 月。

分　　布：产于河南各地，本区广泛分布。生于消落带、岸边、山坡草地及灌丛。

功用价值：幼苗剧毒，切勿采食！

果实

头状花序－雄花序

枝、叶、雌雄花序

植株

342. 多花百日菊

学　　名：*Zinnia peruviana* (L.) L.

属　　名：百日菊属 *Zinnia* L.

形态特征：一年生草本。茎被糙毛或长柔毛；叶披针形或窄卵状披针形，基部圆半抱茎，两面被糙毛，3 出基脉在下面稍凸起；头状花序径生枝端，排成伞房状圆锥花序；花序梗膨大呈圆柱状；总苞钟状，总苞片多层，边缘稍膜质；舌状花黄色、紫红色或红色，舌片椭圆形，全缘或 2 ~ 3 齿裂；管状花红黄色，5 裂，裂片长圆形，上面被黄褐色密茸毛。雌花瘦果狭楔形，具 3 棱，被密毛；管状花瘦果长圆状楔形，有 1 ~ 2 个芒刺，具缘毛。花期 6 ~ 10 月，果期 7 ~ 11 月。

分　　布：河南各地栽培，本区广泛分布。主要为路边栽培。

功用价值：观赏。

头状花序

叶

植株

343. 豨莶

学　　名：*Sigesbeckia orientalis* Linnaeus

属　　名：豨莶属 *Sigesbeckia* L.

形态特征：一年生草本。全部分枝被灰白色短柔毛；基部叶花期枯萎；中部叶三角状卵圆形或卵状披针形，基部阔楔形，下延成具翼的柄，顶端渐尖，边缘有不规则的浅齿或粗齿，上面绿色，下面淡绿色，具腺点，两面被毛，三出基脉。头状花序多数排成圆锥状；花梗密生短柔毛；总苞阔钟状；总苞片2层，背面被紫褐色头状有柄腺毛；雌花舌状，黄色，两性花筒状。瘦果倒卵圆形，有4棱，无冠毛。花期4~9月，果期6~11月。

分　　布：产于河南各地，本区广泛分布。生于消落带、岸边、山坡荒地、林下及路边。

功用价值：全草入药。

头状花序　　　　　　　头状花序梗及总苞片　　　　　　　叶背面

花序　　　　　　　　　　　　　　植株

344. 腺梗豨莶

学　　名：*Sigesbeckia pubescens* (Makino) Makino

属　　名：豨莶属 *Sigesbeckia* L.

形态特征：与豨莶相似，主要区别为：花序梗和分枝上部被长柔毛和头状具柄腺毛。中部叶卵圆形或卵形，边缘具不规则的尖锯齿。花期 5 ~ 8 月，果期 6 ~ 10 月。

分　　布：产于河南各地，本区广泛分布。生于消落带、岸边、山坡荒地、林下及路边。

功用价值：全草入药。

头状花序

枝、花序

总花序

植株

345. 鳢肠

学　　名：*Eclipta prostrata* (L.) L.

属　　名：鳢肠属 *Eclipta* L.

形态特征：一年生草本。茎有分枝，被糙毛。叶对生，长圆状披针形或披针形，无柄或有极短的柄，边缘有细锯齿或有时仅波状，两面被密硬糙毛。头状花序生于枝端或叶腋，具花序梗；花异型，放射状；总苞钟状，总苞片2层，草质，内层稍短。外围雌花2层，花冠舌状，白色，舌片短而窄，先端全缘或2齿裂；中央两性花多数，花冠管状，白色，顶端4齿裂。瘦果三角形或扁四角形，有1~3刚毛状细齿，两面有瘤突。花期6~9月。

分　　布：产于河南各地，本区广泛分布。生于消落带、岸边水湿地带。

功用价值：全草入药。

果期　　　　　　　　　　　　　　　　　头状花序

植株

346. 狼杷草

学　　名：*Bidens tripartita* L.

属　　名：鬼针草属 *Bidens* L.

形态特征：一年生草本。叶对生，无毛，叶柄有狭翅；中部叶通常羽状 3~5 裂，顶端裂片较大，椭圆形或矩椭圆状披针形，边缘有锯齿；上部叶 3 深裂或不裂。头状花序顶生或腋生；总苞片多数，外层倒披针形，叶状，有睫毛；花黄色，全为两性筒状花。瘦果扁，楔形或倒卵状楔形，两侧边缘各有 1 列倒钩刺；冠毛芒状，2 枚，少有 3~4 枚，具倒钩刺。花期 8~10 月，果熟期 9~11 月。

分　　布：产于河南各地，本区广泛分布。生于消落带、岸边潮湿处。

功用价值：全草入药，嫩叶可作野菜食用。

果实

头状花序正面

头状花序侧面

头状花序背面

植株

347. 金盏银盘

学　　名：*Bidens biternata* (Lour.) Merr. et Sherff

属　　名：鬼针草属 *Bidens* L.

形态特征：一年生草本。叶对生，上部叶有时互生，1～2回羽状分裂，小裂片卵形至卵状披针形，顶端短渐尖或急尖，边缘有锯齿或有时半羽裂，两面被疏柔毛；有叶柄。头状花序，具长梗；总苞基部有柔毛；总苞片2层，外层条形，7～10个，被柔毛；舌状花3朵或无，不育，舌片黄色；筒状花黄色，冠檐5齿裂。瘦果条形，具4条棱，被糙伏毛，顶端具3～4枚芒刺。花期7～9月，果熟期8～10月。

分　　布：产于河南各地，本区广泛分布。生于消落带、岸边荒地及林缘。

功用价值：全草入药，嫩叶可作野菜食用。

| 果期 | 果实 | 头状花序 |

植株

348. 婆婆针

学　　名：*Bidens bipinnata* L.

属　　名：鬼针草属 *Bidens* L.

形态特征：一年生草本。中部和下部叶对生，2 回羽状深裂，裂片顶端尖或渐尖，边缘具不规则细齿或钝齿，两面略有短毛，具长叶柄；上部叶互生，羽状分裂。头状花序，总花梗长 2 ~ 10 cm；总苞片条状椭圆形，被细短毛；舌状花黄色，通常有 1 ~ 3 朵，不发育；筒状花黄色，发育，裂片 5。瘦果条形，具 3 ~ 4 条棱，有短毛；顶端冠毛芒状，3 ~ 4 枚。花期 8 ~ 9 月，果熟期 9 ~ 10 月。

分　　布：产于河南各地，本区广泛分布。生于消落带、岸边荒地。

功用价值：全草入药，嫩叶可作野菜食用。

| 果期 | 果实 | 头状花序 |

植株

349. 鬼针草　白花鬼针草

学　　名：*Bidens pilosa* L.

属　　名：鬼针草属 *Bidens* L.

形态特征：一年生草本。中部叶对生，3 深裂或羽状分裂，裂片卵形或卵状椭圆形，顶端尖或渐尖，基部近圆形，边缘有锯齿或分裂；上部叶对生或互生，3 裂或不裂。头状花序；具花序梗，总苞基部被细软毛，外层总苞片 7~8 个，匙形，绿色，边缘具细软毛；无舌状花；筒状花黄色，裂片 5。瘦果条形，具 4 条棱，稍有硬毛；顶端冠毛芒状，3~4 枚。花期 8~10 月，果熟期 9~11 月。

分　　布：产于河南各地，本区广泛分布。生于消落带、岸边荒地。

功用价值：民间草药，嫩叶可作野菜食用。

茎、叶、花序　　　　　　　　果实　　　　　　　　头状花序

植株

350. 甘菊

学　　名：*Chrysanthemum lavandulifolium* (Fischer ex Trautvetter) Makino

属　　名：菊属 *Chrysanthemum* L.

形态特征：多年生草本，有地下匍匐茎。茎直立，多分枝，疏生柔毛。基部和下部叶花期脱落。中部茎叶卵形、宽卵形或椭圆状卵形；二回羽状分裂。最上部的叶或接花序下部的叶羽裂、3 裂或不裂。全部叶两面无毛或几无毛。头状花序顶生排成疏松或稍紧密的复伞房花序；总苞碟形。总苞片约 5 层；外层线形或线状长圆形，无毛或有稀柔毛；中内层卵形、长椭圆形至倒披针形，全部苞片顶端圆形，边缘白色或浅褐色膜质。舌状花黄色，舌片椭圆形，端全缘或 2 ~ 3 个不明显的齿裂。瘦果长 1.2 ~ 1.5 mm。花果期 5 ~ 11 月。

分　　布：产于河南各地，本区南园广泛分布。生于岸边、山坡林缘及草地。

功用价值：民间草药。观赏。

头状花序侧面　　　　　　　头状花序　　　　　　　头状花序正面

叶正面　　　　　　　　　　　　　植株

351. 野菊

学　　名：*Chrysanthemum indicum* Linnaeus

属　　名：菊属 *Chrysanthemum* L.

形态特征：多年生草本。根状茎粗厚分枝，具地下匍匐枝。基生叶花期脱落。茎生叶卵形、长卵形或椭圆状卵形，羽状深裂，全部裂片边缘浅裂或有锯齿；上部叶渐小；全部叶上面有腺体及疏柔毛，下面灰绿色，毛较多，下部渐狭成具翅的叶柄，基部有具锯齿的托叶。头状花序顶生，排成伞房状圆锥花序或不规则伞房花序；总苞片边缘宽膜质；舌状花黄色，雌性；盘花两性，筒状。瘦果全部同型，有5条极细几明显的纵肋，无冠状冠毛。花期6~11月。

花期

分　　布：产于河南各地，本区广泛分布。生于岸边、山坡林缘及草地。

功用价值：民间草药，观赏。

头状花序正面

头状花序侧面

叶背面

植株

352. 毛华菊

学　　名：*Chrysanthemum vestitum* (Hemsley) Stapf

属　　名：菊属 *Chrysanthemum* L.

形态特征：多年生草本。茎坚硬，基部木质，密被灰白色绒毛，有被密绒毛的腋芽或腋芽发育成短缩的营养枝。叶质厚，叶形变化大，边缘有稀疏的粗大锯齿或近全缘，基部楔形而渐窄成叶柄，两面被灰白色绒毛，下面及脉上的毛更密厚，茎中部叶大，向下向上叶变小。头状花序单生于枝端及茎顶，排成疏散的伞房状；总苞杯状；外层总苞片叶状，被厚绒毛；中内层总苞片边缘膜质，褐色；舌状花白色，雌性；盘花筒状，两性，有黄色大腺体。瘦果稍扁，边肋宽膜质，无冠状冠毛。花果期 8～11 月。

分　　布：产于河南西南山区，本区南园广泛分布。生于山坡林缘及草地。

功用价值：民间草药，观赏，可提取优质香精。

花期

头状花序

叶

植株

353. 石胡荽

学　　名：*Centipeda minima* (L.) A. Br. et Aschers.

属　　名：石胡荽属 *Centipeda* Lour.

形态特征：一年生小草本。茎铺散，多分枝。叶互生，楔状倒披针形，边缘有不规则的疏齿，无毛，或仅背面有微毛。头状花序小，扁球形，单生于叶腋，无总花梗或近于无总花梗；总苞半球形，总苞片2层，椭圆状披针形，绿色，边缘膜质，外层较内层大；花杂性，淡黄色或黄绿色，全部筒状；外围的雌花多层，花冠细，有不明显裂片；中央的两性花，花冠有明显4裂。瘦果椭圆形，具4条棱，边缘有长毛；无冠毛。花果期6～10月。

分　　布：产于河南各地，本区广泛分布。生于消落带潮湿处。

功用价值：药用。

茎、叶、花序　　　　头状花序　　　　植株

354. 茵陈蒿

学　　名：*Artemisia capillaris* Thunb.

属　　名：蒿属 *Artemisia* L.

形态特征：半灌木状草本。当年枝顶端有叶丛，被密绢毛；花茎初有毛，后近无毛，有多少开展的分枝。叶二次羽状分裂，下部叶裂片较宽短，常被短绢毛；中部以上叶裂片细，条形，近无毛，顶端微尖；上部叶羽状分裂，三裂或不裂。头状花序极多数，在枝端排列成复总状，有短梗及线形苞叶；总苞球形，无毛；总苞片3～4层，卵形，边缘膜质，背面稍绿色，无毛；花黄色，外层雌性，能育，内层不育。瘦果矩圆形，无毛。花果期7～10月。

分　　布：产于河南各地，本区广泛分布。生于消落带、岸边及山坡草地。

功用价值：药用。

基生叶　　　　　　植株果期　　　　　　植株

355. 牡蒿

学　　名：*Artemisia japonica* Thunb.

属　　名：蒿属 *Artemisia* L.

形态特征：多年生草本，常丛生。枝被微柔毛或近无毛。下部叶在花期萎谢，匙形，下部渐狭，有条形假托叶，上部有齿或浅裂；中部叶楔形，顶端有齿或近掌状分裂，近无毛或有微柔毛；上部叶近条形，三裂或不裂。头状花序极多数，排列成复总状，有短梗及条形苞叶；总苞球形或矩圆形，无毛；总苞片约4层，边缘宽膜质；花外层雌性，能育，内层两性，不育。瘦果小，倒卵形。花果期7～10月。

分　　布：产于河南各地。本区广泛分布。生于消落带、岸边及山坡草地。

功用价值：含挥发油，药用，嫩叶作菜及饲料用。

茎、叶

茎、叶

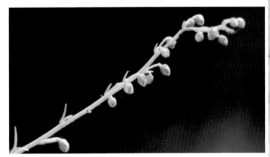

花序

茎生叶

植株

356. 黄花蒿

学　　名：*Artemisia annua* L.

属　　名：蒿属 *Artemisia* L.

形态特征：一年生草本。茎无毛。中部叶卵形，三次羽状深裂，裂片及小裂片矩圆形或倒卵形，基部裂片常抱茎，下面色较浅，两面被短微毛；上部叶小，常一次羽状细裂。头状花序极多数，球形，有短梗，排列成复总状或总状，常有条形苞叶；总苞片 2～3 层，外层狭矩圆形，绿色，内层椭圆形，除中脉外边缘宽膜质；花托无毛；花筒状，外层雌性，内层两性。瘦果小，椭圆状卵形，略扁。花果期 8～11 月。

分　　布：产于河南各地，本区广泛分布。生于消落带、岸边及山坡草地。

功用价值：含青蒿素，药用，嫩叶作菜及饲料用。

花序

头状花序正面

头状花序侧面

叶正面

茎、叶背面

植株

357. 青蒿

学　　名：*Artemisia caruifolia* Buch.–Ham. ex Roxb.

属　　名：蒿属 *Artemisia* L.

形态特征：与黄花蒿相似，主要区别为：中部叶长圆形，长 5～12 cm，宽 3～5 cm，叶轴呈栉齿状，两面均无毛。总苞球形，直径 4～5 mm；雌花 15 朵，长 1.6 mm；两性花 20～32 朵，长 1.8 mm。

分　　布：产于河南各地，本区广泛分布。生于消落带、岸边及山坡草地。

功用价值：含青蒿素，全草入药。全草含芳香油，可提取香精。

花期　　　　　　　　　　　　　　　花　　　　　　　头状花序

茎、叶

叶正面

叶背面　　　　　　　　　　　植株

358. 白莲蒿

学　　名：*Artemisia stechmanniana* Bess.

属　　名：蒿属 *Artemisia* L.

形态特征：半灌木状草本。茎、枝初被灰白色绒毛。叶下面密被灰或淡灰黄色蛛丝状柔毛；茎下部、中部与营养枝叶卵形或三角状卵形，二至三回栉齿状羽状分裂，一至二回羽状全裂；上部叶一至二回栉齿状羽状分裂；苞片叶栉齿状羽状分裂，披针形或披针状线形。头状花序近球形，排成穗状花序或穗状总状花序，在茎上组成总状窄圆锥花序；外层总苞片背面被灰白色柔毛或近无毛，花序托半球形；雌花10～12朵；两性花40～60朵。瘦果狭椭圆状卵形或狭圆锥形。花果期8～10月。

分　　布：产于河南各地，本区广泛分布。生于消落带、岸边及山坡草地。

功用价值：药用，饲料。

头状花序

叶背面

叶正面

植株

359. 野艾蒿

学　　名：*Artemisia lavandulifolia* Candolle

属　　名：蒿属 *Artemisia* L.

形态特征：多年生草本。茎直立，上部有斜升的花序枝，被密短毛。下部叶有长柄，二次羽状分裂，裂片常有齿；中部叶基部渐狭成短柄，有假托叶，二回羽状深裂，裂片 1~2 对，条状披针形，或无裂片，顶端尖，两面均被短柔毛，背面较密，灰白色；上部叶渐小，条形，全缘。头状花序极多数，在顶端排列成复总状，有短梗及细长苞叶；总苞矩圆形；总苞片矩圆形，约 4 层，外层渐短，边缘膜质，背面被密毛；花红褐色，外层雌性，内层两性。瘦果长卵圆形或倒卵圆形。花果期 8~10 月。

分　　布：产于河南各地，本区广泛分布。生于消落带、岸边及山坡草地。

功用价值：药用，饲料。

头状花序　　　　　　　　叶正面　　　　　　　　叶背面

花序

总花序　　　　　　　群落　　　　　　　　植株

360. 蒌蒿

学　　名：*Artemisia selengensis* Turcz. ex Bess.

属　　名：蒿属 *Artemisia* L.

形态特征：多年生草本，有地下茎。茎直立，高 60～150 cm，直径 4～8 cm，无毛，常紫红色，上部有多少直立的花序枝。下部叶在花期枯萎；中部叶密集，羽状深裂，长 10～18 cm，宽约为长的一半，侧裂片 2 对或 1 对，条状披针形或条形，顶端渐尖，有疏浅锯齿，上面无毛，下面被白色薄茸毛，基部渐狭成楔形短柄，无假托叶；上部叶 3 裂或不裂，或条形而全缘。头状花序直立或稍下倾，有短梗，多数密集成狭长的复总状花序，有条形苞叶；总苞近钟状，长 2.5～3 mm，宽 2～2.5 mm；总苞片约 4 层，外层卵形，黄褐色，被短绵毛，内层边缘宽膜质。花黄色，内层两性，外层雌性。瘦果微小，无毛。花果期 7～10 月。

分　　布：产于河南各地，本区少量分布。生于消落带、岸边及山坡草地。

功用价值：全草入药。

花期　　　　　　　　　　　　总花序　　　　　　　　　　　　叶背面

头状花序　　　　　　　　　　　叶　　　　　　　　　　　　植株

361. 艾

学　　名：*Artemisia argyi* Lévl. et Van.

属　　名：蒿属 *Artemisia* L.

形态特征：多年生草本。被密茸毛，中部以上或仅上部有开展及斜升的花序枝。叶互生，下部叶在花期枯萎；中部叶基部急狭，或渐狭成短或稍长的柄，或稍扩大而成托叶状；叶片羽状深裂或浅裂，侧裂片约 2 对，常楔形，中裂片又常 3 裂，裂片边缘有齿，上面被蛛丝状毛，有白色密腺点或疏腺点，下面被白色或灰色密茸毛；上部叶渐小，3 裂或全缘。头状花序多数，无梗或近无梗，排列成复总状，花后下倾；总苞卵形；总苞片 4 ~ 5 层，边缘膜质，背面被绵毛；花带红色，多数，外层雌性，内层两性。瘦果长卵形或长圆形。花果期 7 ~ 10 月。

分　　布：产于河南各地，本区广泛分布。生于消落带、岸边及山坡草地。

功用价值：全草药用。

| 头状花序 | 叶正面 | 叶背面 |

| 茎 | 群落 | 植株 |

362. 兔儿伞

学　　名：*Syneilesis aconitifolia* (Bunge) Maxim.

属　　名：兔儿伞属 *Syneilesis* Maxim.

形态特征：多年生草本。根状茎匍匐。茎无毛。基生叶 1 枚，花期枯萎。茎叶 2 枚，互生，叶片圆盾形，掌状深裂，裂片 7~9，2~3 回叉状分裂，边缘有不规则的锐齿，无毛，下部茎叶有长 10~16 cm 的叶柄；中部茎叶较小，通常有 4~5 裂片，叶柄长 2~6 cm。头状花序多数，在顶端密集成复伞房状，基部有条形苞片；总苞圆筒状；总苞片 1 层，矩圆状披针形；花筒状、淡红色，5 裂。瘦果圆柱形，有纵条纹；冠毛灰白色或淡红褐色。花期 6~7 月，果期 8~10 月。

分　　布：产于河南各地，本区南园广泛分布。生于山坡林下。

功用价值：药用，观赏。

头状花序

花序

根状茎

群丛

植株

363. 千里光

学　　名：*Senecio scandens* Buch.–Ham. ex D. Don

属　　名：千里光属 *Senecio* L.

形态特征：多年生攀缘草本。茎曲折，攀缘，初常被密柔毛。叶有短柄，叶片卵状披针形至长三角形，边缘有浅或深齿，或叶的下部有 2~4 对深裂片，稀近全缘。头状花序多数，在茎及枝端排列成复总状的伞房花序；总苞筒状，基部有数个条形小苞片；总苞片 1 层，12~13 个；舌状花黄色，约 8 朵；筒状花多数。瘦果圆柱形，有纵沟，被短毛；冠毛白色，约与筒状花等长。花期 8 月至翌年 4 月，果期翌年 2~5 月。

分　　布：产于河南各地，本区广泛分布。生于消落带、岸边、路旁草地及山坡林缘。

功用价值：药用，观赏。

果实成熟期

头状花序

头状花序

花序

茎、叶

364. 糙毛蓝刺头

学　　名： *Echinops setifer* Iljin.

属　　名： 蓝刺头属 *Echinops* L.

形态特征： 多年生草本。植株密被蛛丝状绵毛。基部叶及下部茎叶椭圆形或倒披针状椭圆形，二回羽状分裂。中上部茎叶通常羽状深裂。上部及接复头状花序下部的叶长椭圆形，边缘刺齿或浅裂或半裂。全部叶质地薄，纸质，两面异色，正面绿色，被稀疏短糙毛，背面白色或灰白色，被密厚的蛛丝状绵毛，中下部茎叶下面沿脉被稠密的褐色的多细胞长节毛。复头状花序单生茎顶或茎生。全部苞片17～22个，外面无毛。小花蓝色，花冠5深裂，花冠管上部有稀疏的腺点。瘦果倒圆锥状；被淡黄色刚毛。花果期8～9月。

分　　布： 产于河南西南山区，本区南园广泛分布。生于岸边及山坡荒地。

复头状花序

基生叶　　　　　　　　植株　　　　　　　　植株

365. 驴欺口

学　　名：*Echinops davuricus* Fischer ex Hornemann

属　　名：蓝刺头属 *Echinops* L.

形态特征：多年生草本，上部密生白绵毛，下部疏生蛛丝状毛。叶二回羽状分裂或深裂，叶面疏生蛛丝状毛或无毛，背面密生白绵毛，边缘有短刺；基生叶矩圆状倒卵形，有长柄；上部叶渐小，长椭圆形至卵形，基部抱茎。复头状花序球形；小头状花序长近 2 cm，外总苞刚毛状；内总苞片外层的匙形，顶端渐尖，边缘有篦状睫毛；内层的狭菱形至矩圆形，顶端尖锐，中部以上有睫毛；花冠筒状，裂片 5，条形，淡蓝色，筒部白色。瘦果圆柱形，密生黄褐色柔毛；冠毛下部连合。花果期 6~9 月。

分　　布：产于伏牛山和太行山，本区南园广泛分布。生于岸边及山坡荒地。

功用价值：全草入药。

花序	花序	植株
叶正面	叶背面	

366. 飞廉

学　　名：*Carduus nutans* L.

属　　名：飞廉属 *Carduus* L.

形态特征：二年生或多年生草本。茎枝疏被蛛丝毛和长毛。中下部茎生叶长卵形或披针形，羽状半裂或深裂，侧裂片 5～7 对，斜三角形或三角状卵形，两面同色，两面沿脉被长毛。头状花序下垂或下倾，单生茎枝顶端；总苞钟状或宽钟状，总苞片多层，向内层渐长，无毛或疏被蛛丝状毛。小花紫色。瘦果灰黄色，楔形，稍扁，有多数浅褐色纵纹及横纹，果缘全缘；冠毛白色，锯齿状。花果期 6～10 月。

分　　布：产于河南各山区及豫东沙地，本区南园广泛分布。生于消落带、岸边及山坡荒地。

功用价值：全草入药。

果实　　　　　　　　　　　花序　　　　　　　　　　茎、叶、花序

头状花序　　　　　　　头状花序正面

总苞片　　　　　　　枝、头状花序　　　　　　　　植株

367. 节毛飞廉

学　　名: *Carduus acanthoides* L.

属　　名: 飞廉属 *Carduus* L.

形态特征: 二年生或多年生草本。茎单生，茎枝疏被或下部稍密长节毛。基部及下部茎生叶长椭圆形或长倒披针形，羽状浅裂、半裂或深裂，侧裂片 6 ~ 12 对，半椭圆形、偏斜半椭圆形或三角形；向上的叶渐小，基部及下部叶同形并等样分裂，头状花序下部叶宽线形或线形；茎生叶两面绿色；花序下部的茎翼有时为针刺状。头状花序生于茎枝端；总苞卵圆形，总苞片多层，向内层渐长，疏被蛛丝毛，最内层线形或钻状披针形，宽约 1 mm，中外层苞片先端有针刺，最内层先端钻状长渐尖。小花红紫色。瘦果长椭圆形，浅褐色，有多数横皱纹；冠毛白色，锯齿状。花果期 5 ~ 10 月。

分　　布: 产于河南各山区及豫东沙地，本区南园广泛分布。生于消落带、岸边及山坡荒地。

功用价值: 全草入药。

| 果实 | 头状花序正面 | 头状花序侧面 | 茎、叶 | 叶背面 |

茎、花序

花序　　　　　　植株　　　　　　植株

368. 刺儿菜

学　　名：*Cirsium arvense* var. *integrifolium* C. Wimm. et Grabowski.

属　　名：蓟属 *Cirsium* Mill.

形态特征：多年生草本。根状茎长；茎无毛或被蛛丝状毛。叶椭圆形或长圆状披针形，顶端钝尖，基部狭或钝圆，全缘或有齿裂，有刺，无柄。头状花序单生于茎端，雌雄异株，雄株头状花序较小，总苞长 18 mm，雌株头状花序较大，总苞长 23 mm；总苞片具刺；雄花花冠长 17～20 mm，雌花花冠长 26 mm，紫红色。瘦果椭圆形或长卵形，略扁平；冠毛羽状，先端稍肥厚而弯曲。花果期 5～9 月。

分　　布：产于河南各地，本区广泛分布。生于消落带、岸边及山坡草地、路旁。

功用价值：野菜，饲料，药用。

头状花序

连萼瘦果

植株

369. 魁蓟

学　　名：*Cirsium leo* Nakai et Kitag.

属　　名：蓟属 *Cirsium* Mill.

形态特征：多年生草本。茎有纵棱，被皱缩毛。茎生叶无柄，披针形至宽披针形，基部稍抱茎，边缘有小刺，羽状浅裂至深裂，裂片卵状三角形，具刺，两面被皱缩毛，脉上较密。头状花序单生枝端，直立；总苞宽钟状，有蛛丝状毛；总苞片条状披针形，边缘有小刺，顶端长尖刺，内层仅上部边缘有刺状睫毛；花紫色，花冠筒部与檐部等长。瘦果长椭圆形，扁；冠毛污白色，长 2 cm，羽状。花果期 5 ~ 9 月。

分　　布：产于伏牛山和太行山，本区少量分布。生于消落带、岸边及山坡潮湿草地。

头状花序、总苞片　　　　　头状花序侧面　　　　　头状花序正面

基生叶

叶　　　　　　　　植株　　　　　　茎、叶、花序

370. 绒背蓟

学　　名：*Cirsium vlassovianum* Fisch. ex DC.

属　　名：蓟属 *Cirsium* Mill.

形态特征：多年生草本，具块状根。茎直立，被柔毛，上部分枝。叶矩圆状披针形或卵状披针形，不裂，全缘，稍抱茎，下部叶有短柄，边缘密生细刺或有刺尖齿，上面绿色，被疏毛，下面密被灰白色绒毛。头状花序单生枝端及上部叶腋，直立；总苞钟状球形；总苞片 6 层，披针状条形；花冠紫红色，筒部比檐部短。瘦果矩圆形；冠毛羽状，淡褐色。花果期 5 ~ 9 月。

分　　布：产于伏牛山和太行山，本区广泛分布。生于消落带、岸边及山坡潮湿草地。

| 叶正面 | 叶背面 |

| 果实 | 连萼瘦果 |

| 头状花序侧面 | 头状花序正面 | 植株 |

371. 泥胡菜

学　　名：*Hemisteptia lyrata* (Bunge) Fisch. & C. A. Mey.

属　　名：泥胡菜属 *Hemisteptia* (Bunge) Fisch. & C. A. Mey.

形态特征：二年生草本。茎无毛或有白色蛛丝状毛。基生叶莲座状，具柄，倒披针形或倒披针状椭圆形，提琴状羽状分裂，顶裂片三角形，较大，有时 3 裂，侧裂长椭圆状倒披针形，下面被白色蛛丝状毛；中部叶椭圆形，无柄，羽状分裂，上部叶条状披针形至条形。头状花序多数；总苞球形；总苞片 5～8 层，外层较短，卵形，中层椭圆形，内层条状披针形，背面顶端下具 1 个紫红色鸡冠状附片；花紫色。瘦果圆柱形，具 15 条纵肋；冠毛白色，2 层，羽状。花果期 3～8 月。

分　　布：产于河南各地，本区广泛分布。生于消落带、岸边及山坡草地。

功用价值：嫩茎叶可作野菜或饲料。

果期　　　　　　　　　　　　　　　　　茎、花序

头状花序

基生叶　　　　　　　　　　　　花序　　　　　　　　　　　　植株

372. 风毛菊

学　　名：*Saussurea japonica* (Thunb.) DC.

属　　名：风毛菊属 *Saussurea* DC.

形态特征：二年生草本。根纺锤状。茎粗壮，被短微毛和腺点。基生叶和下部叶有长柄，具狭翼，矩圆形或椭圆形，羽状分裂，裂片 7~8 对，中裂片矩圆状披针形，侧裂片狭矩圆形，两面有短微毛和腺点；茎上部叶渐小。头状花序多数，排成密伞房状；总苞筒状，被蛛丝状毛，总苞片 6 层，外层短小，卵形，先端钝，中层至内层条状披针形，先端有膜质圆形具小齿的附片，常紫红色；小花紫色。瘦果深褐色，圆柱形；冠毛白色，外层短，糙毛状，内层羽毛状。花果期 6~11 月。

分　　布：产于河南各地，本区广泛分布。生于消落带、岸边及山坡草地。

头状花序

连萼瘦果

果序

花

头状花序侧面

花序

基生叶

茎、叶

植株

373. 麻花头

学　　名：*Klasea centauroides* (L.) Cass.

属　　名：麻花头属 *Klasea* Cass.

形态特征：多年生草本。茎中部以下被长毛。基生叶及下部茎生叶长椭圆形，羽状深裂，侧裂片 5～8 对，具长柄；中部茎生叶与基生叶同形，等样分裂，近无柄，上部叶羽状全裂，叶两面粗糙，具长毛；头状花序单生茎枝顶端；总苞卵圆形或长卵圆形，总苞片 10～20 层，上部淡黄白色，硬膜质；小花红色、红紫色或白色。瘦果楔状长椭圆形，褐色；冠毛褐色或略带土红色，糙毛状。花果期 6～9 月。

分　　布：产于太行山和伏牛山，本区南园广泛分布。生于岸边、山坡林缘及草地。

头状花序侧面　　　　头状花序正面

花

基生叶　　　　　　　　　　　　植株

374. 漏芦

学　　名：*Rhaponticum uniflorum* (L.) DC.

属　　名：漏芦属 *Rhaponticum* Vaill.

形态特征：多年生草本。茎不分枝，有条纹，具白色绵毛或短毛。叶羽状深裂至浅裂，裂片矩圆形，具不规则齿，两面被软毛。头状花序单生茎顶；总苞宽钟状，基部凹；总苞片多层，具干膜质的附片，外层短，卵形，中层附片宽，成掌状分裂，内层披针形，顶端尖锐；花冠淡紫色，下部条形，上部稍扩张成圆筒形。瘦果倒圆锥形，棕褐色，具四棱；冠毛褐色，多层，不等长，基部连合成环，整体脱落；冠毛刚毛糙毛状。花果期4～9月。

分　　布：产于太行山和伏牛山，本区南园广泛分布。生于岸边、山坡林缘及草地。

果期　　　　　　　　　头状花序

头状花序侧面　　　　　茎、叶　　　　　　植株

375. 大丁草

学　　名：*Leibnitzia anandria* (Linnaeus) Turczaninow

属　　名：大丁草属 *Leibnitzia* Cass.

形态特征：多年生草本，有春秋二型，春型株高 5～10 cm，秋型株高达 30 cm。叶基生，莲座状，宽卵形或倒披针状长椭圆形，春型叶较秋型叶小，基部心形或渐狭成叶柄，提琴状羽状分裂，顶端裂片宽卵形，有不规则的圆齿，背面及叶柄密生白色绵毛。花茎直立，密生白色蛛丝状绵毛，后渐脱毛，苞片条形；头状花序单生，春型的有舌状花和筒状花，秋型的仅有筒状花；总苞筒状钟形；总苞片约3层，外层较短，条形，内层条状披针形；舌状花1层，雌性；筒状花两性。瘦果两端收缩；冠毛污白色。花期 3～7 月，果期 5～11 月。

分　　布：产于河南各山区，本区广泛分布。生于岸边、山坡林缘及草地。

功用价值：全草药用。

果序　　　　　　瘦果及冠毛　　　　　　瘦果及冠毛

头状花序正面

头状花序侧面　　　　　　植株　　　　　　果期植株

376. 桃叶鸦葱

学　　名：*Scorzonera sinensis* Lipsch. et Krasch. ex Lipsch.

属　　名：鸦葱属 *Scorzonera* L.

形态特征：多年生草本。根圆柱状。根基稠密而厚实，纤维状，褐色。茎单生或 3～4 个聚生，无毛，有白粉。基生叶披针形或宽披针形，无毛，有白粉，边缘深皱状弯曲，叶柄长达 8 cm，宽鞘状抱茎；茎生叶鳞片状，长椭圆形或长椭圆状披针形。头状花序单生茎端，有同型结实两性舌状花；总苞卵形或矩圆形；外层苞片宽卵形或三角形，极短，最内层披针形；舌状花黄色。瘦果圆柱状，有纵沟，无毛，无喙；冠毛白色，羽状。花果期 4～9 月。

分　　布：产于伏牛山和太行山区，本区南园广泛分布。生于岸边、山坡林缘及草地。

头状花序正面

瘦果、冠毛

头状花序侧面

植株

377. 毛连菜

学　　名：*Picris hieracioides* L.

属　　名：毛连菜属 *Picris* L.

形态特征：二年生草本。茎上部呈伞房状或伞房圆状分枝，被光亮钩状硬毛。基生叶花期枯萎；下部茎生叶长椭圆形或宽披针形，全缘或有锯齿，基部渐窄成翼柄；中部和上部叶披针形或线形，无柄，基部半抱茎；最上部叶全缘；叶两面被硬毛。头状花序排成伞房或伞房圆锥花序，花序梗细长；总苞圆柱状钟形，总苞片3层，背面被硬毛和柔毛，外层线形，内层线状披针形，边缘白色膜质；舌状小花黄色，冠筒被白色柔毛。瘦果纺锤形，棕褐色；冠毛白色。花果期6~9月。

分　　布：产于河南各山区，本区广泛分布。生于岸边及山坡草地、路旁。

瘦果、冠毛

头状花序侧面、总苞片

头状花序侧面

头状花序正面

花序

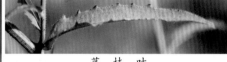
茎、枝、叶

叶正面

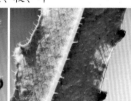
叶背面

茎、叶

378. 蒲公英

学　　名：*Taraxacum mongolicum* Hand.–Mazz.

属　　名：蒲公英属 *Taraxacum* F. H. Wigg.

形态特征：多年生草本。根垂直。叶莲座状平展，矩圆状倒披针形或倒披针形，羽状深裂，侧裂片 4 ~ 5 对，矩圆状披针形或三角形，具齿，顶裂片较大，戟状矩圆形，羽状浅裂或仅具波状齿，基部狭成短叶柄，被疏蛛丝状毛或几无毛。花葶数个，与叶等长或稍长，上端被密蛛丝状毛；总苞淡绿色，先端常具角状突起，外层总苞片卵状披针形至披针形，边缘膜质，被白色长柔毛，内层条状披针形；舌状花黄色。瘦果褐色，上半部有尖小瘤，喙长 6 ~ 8 mm；冠毛白色。花期 4 ~ 9 月，果期 5 ~ 10 月。

分　　布：产于河南各地，本区广泛分布。生于消落带、岸边及山坡草地。

功用价值：全草药用。

头状花序

头状花序侧面

瘦果、冠毛

果序

植株

379. 苦苣菜

学　　名： *Sonchus oleraceus* L.

属　　名： 苦苣菜属 *Sonchus* L.

形态特征： 一年生或二年生草本。根纺锤状。茎无毛或上部有腺毛。叶柔软无毛，羽状深裂、大头状羽状全裂、羽状半裂或分裂，边缘有刺状尖齿，中上部的叶无柄，基部宽大戟耳形。头状花序在茎端排成伞房状；梗或总苞下部初期有蛛丝状毛，有时有疏腺毛，总苞钟状，暗绿色；总苞片 2～3 列；舌状花黄色，两性。瘦果长圆状倒卵形，压扁，边缘有微齿，两面各有 3 条高起的纵肋；冠毛毛状，白色。花果期 5～12 月。

分　　布： 产于河南各地，本区广泛分布。生于消落带、岸边及山坡草地。

功用价值： 全草药用，叶作饲料。

头状花序、小花　　　　头状花序　　　　头状花序侧面　　　　总序片

花序　　　　　　　　　　　　植株

380. 花叶滇苦菜 续断菊

学　　名：*Sonchus asper* (L.) Hill

属　　名：苦苣菜属 *Sonchus* L.

形态特征：与苦苣菜（*Sonchus oleraceus*）相似，主要区别为：叶不分裂或羽状浅裂，边缘具密而不规则的刺状齿，基部具扩大圆耳抱茎。果实倒长卵形，纵肋间无横纹。

分　　布：产于河南各地，本区广泛分布。生于消落带、岸边及山坡草地。

果序

头状花序正面

头状花序

头状花序侧面

植株

叶正面

叶背面

381. 翅果菊

学　　名：*Lactuca indica* L.

属　　名：莴苣属 *Lactuca* L.

形态特征：多年生草本。茎无毛，上部有分枝。叶无柄，有狭窄膜片状长毛；叶形多变，条形、长椭圆状条形或条状披针形，不分裂而基部扩大戟形半抱茎到羽状或倒向羽状全裂或深裂，而裂片边缘缺刻状或锯齿状针刺等；最上部叶变小。头状花序排成圆锥状，有 25 朵小花；舌状花淡黄色或白色。瘦果黑色，压扁，每面仅有 1 条纵肋；喙短而明显；冠毛白色，全部同形。花果期 7～10 月。

分　　布：产于河南各地，本区广泛分布。生于消落带、岸边、山坡草地及林下。

总花序

头状花序

小花

头状花序总苞片

总花序

果序

瘦果、冠毛

茎、叶

叶

382. 黄鹌菜

学　　名：*Youngia japonica* (L.) DC.

属　　名：黄鹌菜属 *Youngia* Cass.

形态特征：一年生草本。基生叶丛生，倒披针形，琴状或羽状半裂，顶裂片较侧裂片稍大，侧裂片向下渐小，有深波状齿，无毛或有细软毛；茎生叶少数，通常 1~2 枚。头状花序小，有 10~20 朵小花，排成聚伞状圆锥花序或聚伞状伞房花序；总苞果期钟状，长 4~7 mm；舌状花黄色，长 4.5~10 mm。瘦果红棕色或褐色，纺锤形，稍扁平，有 11~13 条粗细不等的纵肋；冠毛白色。花果期 4~10 月。

分　　布：产于河南各地，本区广泛分布。生于消落带、岸边及山坡草地。

头状花序

基生叶　　　　茎生叶

茎中空、乳汁　　　　瘦果、冠毛

花期　　　　总花序　　　　植株

383. 多色苦荬　齿缘苦荬菜

学　　名：*Ixeris chinensis* subsp. *versicolor* (Fisch. ex Link) Kitam.

属　　名：苦荬菜属 *Ixeris* Cass.

形态特征：多年生草本，高 6～30 cm。根垂直或弯曲，不分枝或有分枝，生多数或少数须根。茎低矮，主茎不明显，自基部多分枝，全部茎枝无毛。基生叶匙状长椭圆形、长椭圆形、长椭圆状倒披针形、披针形、倒披针形或线形，不分裂或至少含有不分裂的基生叶，边缘全缘或有尖齿或羽状浅裂或深裂或至少基生叶中含有羽状分裂的叶，基部渐狭成长柄或短柄，侧裂片 1～7 对，集中在叶的中下部，中裂片较大，向两侧的侧裂片渐小，最上部或最下部的侧裂片常尖齿状；茎生叶少数，1～2 片，通常不裂，较小，与基生叶同形，基部无柄，稍见抱茎；全部叶两面无毛。头状花序多数，在茎枝顶端排成伞房花序或伞房圆锥花序。总苞圆柱状；总苞片 2～3 层；舌状小花黄色，极少白色或红色。瘦果红褐色；冠毛白色，微粗糙，长近 4 mm。花果期 3～9 月。

分　　布：产于河南各地，本区广泛分布。生于消落带、岸边及山坡草地。

头状花序

舌状花和管状花

植株

384. 中华苦荬菜

学　　名： *Ixeris chinensis* (Thunb.) Nakai

属　　名： 苦荬菜属 *Ixeris* Cass.

形态特征： 多年生草本。根垂直直伸，通常不分枝。根状茎极短缩。茎直立单生或少数茎成簇生。基生叶长椭圆形、倒披针形、线形或舌形，基部渐狭成有翼的短柄或长柄，全缘，或羽状浅裂、半裂或深裂，侧裂片 2 ~ 7 对；茎生叶 2 ~ 4 片，极少 1 片或无茎生叶，长披针形或长椭圆状披针形，不裂，全缘。头状花序通常在茎枝顶端排成伞房花序。舌状小花黄色，干时带红色。花果期 1 ~ 10 月。

分　　布： 产于河南各地，本区广泛分布。生于山坡路旁、田野、河边灌丛或岩石缝隙中。

头状花序

头状花序

果序

茎、叶基

植株

385. 苦荬菜 多头苦荬菜

学 名：*Ixeris polycephala* Cass.

属 名：苦荬菜属 *Ixeris* Cass.

形态特征：一年生草本。根垂直直伸，生多数须根。茎直立，基部直径 2～4 mm，上部伞房花序状分枝，或自基部多分枝或少分枝，分枝弯曲斜升。基生叶花期生存，线形或线状披针形；中下部茎叶披针形或线形，基部箭头状半抱茎；全部叶两面无毛，全缘。头状花序多数，在茎枝顶端排成伞房状花序，花序梗细。总苞圆柱状，果期扩大成卵球形；舌状小花黄色，极少白色，10～25 朵。果冠毛白色，纤细，微糙，不等长，长达 4 mm。花果期 3～6 月。

分 布：产于黄河以南地区，本区广泛分布。生于山坡林缘、灌丛、草地、田野路旁。

功用价值：全草入药。

头状花序

花序

茎、叶、花序

茎、叶、花序

386. 尖裂假还阳参　报茎苦荬菜

学　　名：*Crepidiastrum sonchifolium* (Maximowicz) Pak & Kawano

属　　名：假还阳参属 *Crepidiastrum* Nakai

形态特征：一年生草本。茎直立，单生，上部伞房花序状分枝，全部茎枝无毛。基生叶花期枯萎脱落；中下部茎叶长椭圆状卵形、长卵形或披针形，羽状深裂或半裂，基部扩大圆耳状抱茎，侧裂片约6对；上部茎叶及接花序分枝处的叶渐小或更小，卵状心形，向顶端长渐尖，基部心形扩大抱茎。头状花序多数，在茎枝顶端排伞房状花序，含舌状小花15~19朵。舌状小花黄色。果冠毛白色，长4 mm，微糙毛状。花果期5~9月。

分　　布：产于太行山和伏牛山，本区广泛分布。生于山坡、消落带、潮湿地及岩石间。

果序　　　　　　　　　　　总花序　　　　　　　　　　　头状花序

基生叶

茎、叶、花序　　　　　　　　植株　　　　　　　　茎、枝、叶

387. 黄瓜菜　苦荬菜

学　　名： *Crepidiastrum denticulatum* (Houttuyn) Pak & Kawano

属　　名： 假还阳参属 *Crepidiastrum* Nakai

形态特征： 一年生草本。根垂直直伸，生多数须根。茎单生，直立，全部或下部常紫红色，中部以上极少自基部分枝，分枝开展，全部茎枝无毛。基生叶花期枯萎脱落；中下部茎生叶卵形、长椭圆形或披针形，羽状浅裂、半裂或深裂，侧裂片 2~4 对，长椭圆形或斜三角形，顶端急尖或圆形；上部茎叶与接花序分枝处的叶基部圆耳状扩大抱茎；全部叶两面无毛。头状花序多数，在茎枝顶端成伞房花序状，约含 12 枚舌状小花。冠毛白色，长 4 mm，糙毛状。花果期 6~11 月。

分　　布： 产于河南各山区，本区广泛分布。生于山坡、消落带、潮湿地及岩石间。

头状花序

总花序

植株

九一、香蒲科 Typhaceae

388. 小香蒲

学　　名： *Typha minima* Funk

属　　名： 香蒲属 *Typha* L.

形态特征： 多年生沼生草本，细弱，高 30～50 cm，根茎粗壮。叶具大型膜质叶鞘，基生叶具细条形叶片，宽不及 2 mm，茎生叶仅具叶鞘而无叶片。穗状花序长 10～12 cm，雌雄花序不连接，中间相隔 5～10 mm；雄花序在上，圆柱状，长 5～9 cm，雄花具单一雄蕊，基部无毛，花粉粒为四合体；雌花序在下，长椭圆形，长 1.5～4 cm，成熟时直径 8～15 mm，雌花有多数基生的顶端稍膨大的长毛，小苞片与毛近等长而比柱头短，子房具长柄，柱头披针形。花果期 5～8 月。

分　　布： 河南广泛分布，本区广泛分布。生于消落带、浅水区域。

功用价值： 水质净化。花粉即蒲黄入药，叶片用于编织、造纸等，幼叶基部和根状茎先端可作蔬食，雌花序可作枕芯和坐垫的填充物，是重要的水生经济植物之一。

果期　　　　　　　　群丛　　　　　　　　叶、果

389. 香蒲

学　　名： *Typha orientalis* Presl

属　　名： 香蒲属 *Typha* L.

形态特征： 多年生水生或沼生草本。根状茎乳白色。地上茎粗壮，向上渐细。叶片条形，光滑无毛，上部扁平，下部腹面微凹，背面逐渐隆起呈凸形，横切面呈半圆形，细胞间隙大，海绵状；叶鞘抱茎。雌雄花序紧密连接；雄花序长 2.7～9.2 cm，雌花序长 4.5～15.2 cm。花果期 5～8 月。

分　　布： 产于河南各地，本区北园广泛分布。生于湖泊、池塘、沟渠、沼泽及河流缓流带。

功用价值： 水质净化。花粉即蒲黄入药，叶片用于编织、造纸等，幼叶基部和根状茎先端可作蔬食，雌花序可作枕芯和坐垫的填充物，是重要的水生经济植物之一。

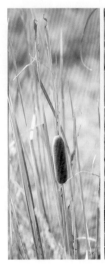  

果序　　　　　　　　群丛　　　　　　　　植株

九二、眼子菜科 Potamogetonaceae

390. 菹草

学　　名：*Potamogeton crispus* L.

属　　名：眼子菜属 *Potamogeton* L.

形态特征：多年生沉水草本，具近圆柱形的根茎。茎稍扁，多分枝，近基部常匍匐地面，于节处生出疏或稍密的须根。叶条形，无柄，叶缘多少呈浅波状，具疏或稍密的细锯齿；叶脉平行，顶端连接，中脉近基部两侧伴有通气组织形成的细纹，次级叶脉疏而明显可见；休眠芽腋生，略似松果，革质叶左右二列密生，基部扩张，肥厚，坚硬，边缘具有细锯齿。穗状花序顶生，具花 2 ~ 4 轮；花小，被片 4，淡绿色。花果期 4 ~ 7 月。

分　　布：产于河南各地，本区广泛分布。生于浅水、水沟、消落带及缓流河水中，水体多呈微酸至中性。

功用价值：水质净化，水质指示植物。本种为草食性鱼类的良好天然饵料。我国一些地区选其为囤水田养鱼的草种。

茎、叶

茎、叶

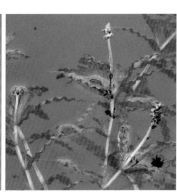
花期

花序

群丛

391. 浮叶眼子菜

学　　名：*Potamogeton natans* L.

属　　名：眼子菜属 *Potamogeton* L.

形态特征：多年生水生草本。根茎发达，白色，常具红色斑点，多分枝，节处生有须根。茎圆柱形。浮水叶革质，卵形至矩圆状卵形，具长柄；叶脉23～35条，于叶端连接；沉水叶质厚，叶柄状，呈半圆柱状的线形，先端较钝，长10～20 cm，宽2～3 mm，具不明显的3～5脉；常早落。穗状花序顶生，具花多轮，开花时伸出水面；花序梗开花时通常直立，花后弯曲而使穗沉没水中。花小，被片4，绿色。花果期7～10月。

分　　布：产于河南各地，本区北园少量分布。生于河流入库口及上游部分区域。

功用价值：全草可作绿肥和饲料。

果序

植株

392. 穿叶眼子菜

学　　名：*Potamogeton perfoliatus* L.

属　　名：眼子菜属 *Potamogeton* L.

形态特征：多年生沉水草本，具发达的根茎。根茎白色，节处生有须根。茎圆柱形，上部多分枝。叶卵形、卵状披针形或卵状圆形，无柄，先端钝圆，基部心形，呈耳状抱茎，边缘波状，常具极细微的齿；基出 3 脉或 5 脉，顶端连接，次级脉细弱。穗状花序顶生，具花 4 ~ 7 轮，密集或稍密集；花小，被片 4，淡绿色或绿色；雌蕊 4 枚，离生。果实倒卵形，顶端具短喙，背部 3 脊，中脊稍锐，侧脊不明显。花果期 5 ~ 10月。

分　　布：产于河南各地，本区广泛分布。生于浅水、水沟、消落带及缓流河水中，水体多呈微酸至中性。

功用价值：水质净化，水质指示植物。全草可作绿肥和饲料。

果实　　　　　　　花序－初花　　　　　　花序－盛花期　　　　　　　花

叶、花序　　　　　　　　　　　　　　植株

393. 竹叶眼子菜

学　　名：*Potamogeton wrightii* Morong

属　　名：眼子菜属 *Potamogeton* L.

形态特征：多年生沉水草本。根茎发达，白色，节处生有须根。茎圆柱形，不分枝或具少数分枝，节间长可达 10 cm。叶条形或条状披针形，具长柄，稀短于 2 cm；叶片长 5～19 cm，宽 1～2.5 cm，边缘浅波状，有细微的锯齿；中脉显著，自基部至中部发出 6 至多条与之平行、并在顶端连接的次级叶脉，三级叶脉清晰可见。穗状花序顶生，具花多轮，密；花小，被片 4，绿色；雌蕊 4 枚，离生。花果期 6～10 月。

分　　布：产于河南各地，本区广泛分布。生于消落带与河流等静水、流水体，水体多呈微酸性。

功用价值：水质净化，水质指示植物。全草可作绿肥和饲料。

花序　　　　　　　　　群丛　　　　　　　　　生境

幼叶　　　　　　　　　　　　　　　植株

九三、茨藻科 Najadaceae

394. 大茨藻

学　　名：*Najas marina* L.

属　　名：茨藻属 *Najas* L.

形态特征：一年生沉水草本。植株多汁，较粗壮，呈黄绿色至墨绿色，有时节部褐红色，质脆，极易从节部折断；株高 30～100 cm，或更长，茎基部节上生有不定根；分枝多，呈二叉状，常具稀疏锐尖的粗刺。叶近对生和 3 叶假轮生，于枝端较密集，无柄；叶片线状披针形，稍向上弯曲，边缘每侧具 4～10 枚粗锯齿，背面沿中脉疏生长约 2 mm 的刺状齿。花黄绿色，单生于叶腋。花果期 9～11 月。

分　　布：产于河南各地，本区广泛分布。生于池塘、湖泊和缓流河水中，常群聚成丛，生长于水中 0.5～3 m 或更深。

功用价值：水质净化，水质指示植物。全草可作绿肥和饲料。

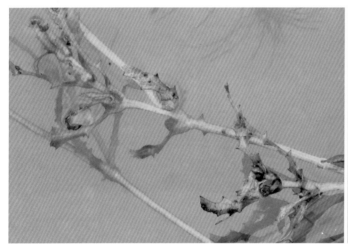
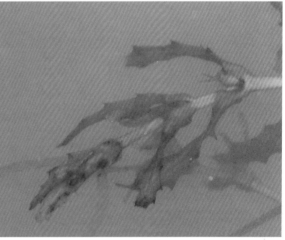

茎、叶、刺　　　　　　　　　　　　　　　　茎、叶、瘦果

叶

九四、泽泻科 Alismataceae

395. 窄叶泽泻

学　　名：*Alisma canaliculatum* A. Braun et Bouche.

属　　名：泽泻属 *Alisma* L.

形态特征：多年生水生或沼生草本。块茎直径 1~3 cm。沉水叶条形，叶柄状；挺水叶披针形，稍呈镰状弯曲。花莛高 40~100 cm，直立；花序长 35~65 cm，具 3~6 轮分枝，每轮分枝 3~9 个；花两性；外轮花被片长圆形，内轮花被片白色，近圆形，边缘不整齐；花药黄色；花托在果期外凸，呈半球形。瘦果倒卵形，背部较宽，具 1 条明显的深沟槽；种子深紫色、矩圆形，长 1.5 mm，宽约 1 mm。花果期 5~10 月。

分　　布：产于河南信阳、驻马店和南阳，本区北园零星分布。生于消落带及河流入库口等湿地。

功用价值：全草入药，主治皮肤疱疹、小便不通、水肿、蛇咬伤等。亦用于花卉观赏。

花序　　　　　　　　　花　　　　　　　　　花果期

果　　　　　　　　　叶、花　　　　　　　　植株

396. 泽泻

学　　名：*Alisma plantago-aquatica* L.

属　　名：泽泻属 *Alisma* L.

形态特征：多年生水生或沼生草本。块茎直径 1 ~ 3.5 cm，或更大。叶通常多数；沉水叶条形或披针形；挺水叶宽披针形、椭圆形至卵形，叶脉通常 5 条，叶柄长 1.5 ~ 30 cm。花葶高 78 ~ 100 cm，或更高；花序长 15 ~ 50 cm，或更长，具 3 ~ 8 轮分枝，每轮分枝 3 ~ 9 枚。花两性；外轮花被片广卵形，内轮花被片近圆形，远大于外轮，白色、粉红色或浅紫色。瘦果椭圆形，或近矩圆形。种子紫褐色，具突起。花果期 5 ~ 10 月。

分　　布：产于河南各地，本区零星分布。生于沼泽湿地。

功用价值：本种花较大，花期较长，用于花卉观赏。

花

植株

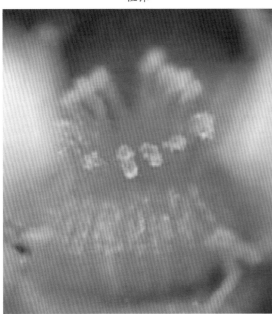

雌蕊、花柱

花序

397. 野慈姑

学　　名：*Sagittaria trifolia* L.

属　　名：慈姑属 *Sagittaria* L.

形态特征：多年生水生或沼生草本。根状茎横走，较粗壮，末端膨大或否。挺水叶箭形，叶片长短、宽窄变异很大，通常顶裂片短于侧裂片，有时侧裂片更长；叶柄基部渐宽，鞘状，边缘膜质，具横脉，或不明显。花莛直立，挺水，高 (15～)20～70 cm，或更高，通常粗壮。花序总状或圆锥状，具分枝 1～2 片，具花多轮，每轮 2～3 朵花。花单性；花被片反折，外轮花被片椭圆形或广卵形；内轮花被片白色或淡黄色；花药黄色。瘦果两侧压扁，倒卵形，具翅；果喙短，自腹侧斜上。种子褐色。花果期 5～10 月。

分　　布：产于河南各地，本区少量分布。生于消落带沼泽区或河流岸边浅水区。

功用价值：药用，球茎可作蔬菜食用等。

花　　　　　　花序　　　　　　叶

398. 华夏慈姑

学　　名：*Sagittaria trifolia* subsp. *leucopetala* (Miquel) Q. F. Wang

属　　名：慈姑属 *Sagittaria* L.

形态特征：本变种与原变种不同在于：植株高大，粗壮。叶片宽大，肥厚，顶裂片先端钝圆，卵形至宽卵形；匍匐茎末端膨大成球茎，球茎卵圆形或球形；圆锥花序高大，长 20～60 cm，有时可达 80 cm 以上，分枝 (1～)2(～3) 个，着生于下部，具 1～2 轮雌花，主轴雌花 3～4 轮，位于侧枝之上；雄花多轮，生于上部，组成大型圆锥花序，果期常斜卧水中；果期花托扁球形，直径 4～5 mm，高约 3 mm。种子褐色，具小突起。

分　　布：河南信阳地区广泛栽培，本区少量分布。生于消落带沼泽区或河流岸边浅水区。

功用价值：药用，球茎可作蔬菜食用等。

花　　　　　　　　　　叶、花序　　　　　　　　　　植株

九五、水鳖科 Hydrocharitaceae

399. 水鳖

学　　名：*Hydrocharis dubia* (Bl.) Backer

属　　名：水鳖属 *Hydrocharis* L.

形态特征：浮水草本。须根长可达 30 cm。匍匐茎发达，顶端生芽，并可产生越冬芽。叶簇生，多漂浮，有时伸出水面；叶片心形或圆形，全缘，远轴面有蜂窝状贮气组织，并具气孔。雄花序腋生；佛焰苞 2 枚，具红紫色条纹，苞内雄花 5~6 朵，每次仅 1 朵开放；萼片 3 个，离生，长椭圆形，常具红色斑点；花瓣 3 枚，黄色，与萼片互生。果实浆果状，球形至倒卵形。种子多数，椭圆形，顶端渐尖。花果期 8~10 月。

分　　布：产于河南各地，本区北园少量分布。生于静水池沼中。

功用价值：可作饲料及用于沤绿肥，幼叶柄作蔬菜。

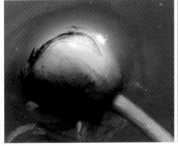  

果实　　　　　　　　　花　　　　　　　　　群丛、叶、花

400. 苦草

学　　名：*Vallisneria natans* (Lour.) Hara

属　　名：苦草属 *Vallisneria* L.

形态特征：沉水草本。具匍匐茎，白色，光滑或稍粗糙，先端芽浅黄色。叶基生，线形或带形，长 20~200 cm，绿色或略带紫红色，常具棕色条纹和斑点，先端圆钝，边缘全缘或具不明显的细锯齿；无叶柄；叶脉 5~9 条。花单性；雌雄异株；雄佛焰苞卵状圆锥形，每枚佛焰苞内含雄花 200 余朵或更多，成熟的雄花浮在水面开放；萼片 3 个，成舟形浮于水上；雌佛焰苞筒状，先端 2 裂，绿色或暗紫红色，随水深而改变，受精后螺旋状卷曲。果实圆柱形。

分　　布：产于河南各地，本区北园少量分布。生于溪沟、河流、池塘、湖泊浅水区域。

功用价值：可以作为水生观赏植物，净化水质。

叶　　　　　　　　　生境　　　　　　　　　植株

401. 黑藻

学　　名：*Hydrilla verticillata* (L. f.) Royle

属　　名：黑藻属 *Hydrilla* Rich.

形态特征：多年生沉水草本。茎圆柱形，表面具纵向细棱纹，质较脆。休眠芽长卵圆形；苞叶多数，螺旋状紧密排列，白色或淡黄绿色。叶3～8枚轮生，线形或长条形，边缘锯齿明显，无柄；主脉1条，明显。花单性，雌雄同株或异株；雄佛焰苞近球形，绿色；花瓣3枚，反折开展，白色或粉红色；雄花成熟后自佛焰苞内放出，漂浮于水面开花；雌佛焰苞管状，绿色；苞内雌花1朵。果实圆柱形。植物以休眠芽繁殖为主。花果期5～10月。

分　　布：产于河南各地，本区广泛分布。生于浅水中。且于河流入库口附近分布较多。

生境

群丛

植株

九六、禾本科 Poaceae

402. 早园竹

学　　名：*Phyllostachys propinqua* McClure.

属　　名：刚竹属 *Phyllostachys* Siebold & Zucc.

形态特征：乔木或灌木状竹类。幼竿绿色，被以渐变厚的白粉，光滑无毛；竿环微隆起与箨环同高；箨舌淡褐色，拱形，有时中部微隆起，边缘生短纤毛；箨片披针形或线状披针形，绿色，背面带紫褐色，平直，外翻；叶舌强烈隆起，先端拱形，被微纤毛；叶片披针形或带状披针形。花枝甚短，呈穗状至头状，花药黄色；子房无毛，花柱细长。颖果长椭圆形。笋期4月上旬开始，出笋持续时间较长。

分　　布：产于河南信阳、商城、新县和罗山等地，本区少量分布，多为栽培，且易成片出现。

枝、叶

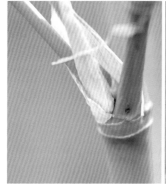

竿环与箨环

笋

植株

403. 桂竹

学　　名：*Phyllostachys reticulata* (Ruprecht) K. Koch.

属　　名：刚竹属 *Phyllostachys* Siebold & Zucc.

形态特征：乔木或灌木状竹类。竿高达 20 m，直径 14～16 cm，竿中部节间长 25～40 cm，箨环无毛，新竿、老竿均深绿色（小竿绿色），无白粉，无毛，竿环微隆起；每小枝初 5～6 叶，后 2～3 叶；有叶耳和长缝毛，后渐脱落；叶带状披针形，长 7～15 cm，宽 1.3～2.3 cm，下面有白粉、粉绿色，近基部有毛。笋期 5 月下旬。

分　　布：产于河南栾川、嵩县、卢氏、西峡、南召等地，本区少量分布，在南园有大面积群落，为栽培。

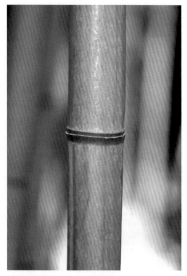

竿

箨鞘

枝、叶

404. 刚竹

学　　名：*Phyllostachys sulphurea* var. *viridis* R. A. Young

属　　名：刚竹属 *Phyllostachys* Siebold & Zucc.

形态特征：竿高 6～15 m，直径 4～10 cm，幼时无毛，微被白粉，绿色，成长的竿呈绿色或黄绿色；中部节间长 20～45 cm，壁厚约 5 mm；竿环在较粗大的竿中于不分枝的各节上不明显；箨环微隆起。箨鞘背面呈乳黄色或绿黄褐色又多少带灰色，有绿色脉纹，无毛，微被白粉，有淡褐色或褐色略呈圆形的斑点及斑块；箨耳及鞘口繸毛俱缺；箨舌绿黄色，拱形或截形，边缘生淡绿色或白色纤毛；箨片狭三角形至带状，外翻，微皱曲，绿色，但具橘黄色边缘。末级小枝有 2～5 叶；叶鞘几无毛或仅上部有细柔毛；叶耳及鞘口繸毛均发达；叶片长圆状披针形或披针形，长 5.6～13 cm。花枝未见。笋期 5 月中旬。

分　　布：产于河南永城、商水等地，本区少量分布，在南园有大面积群落，为栽培。

节　　　　　　　箨鞘腹面　　　　　笋

箨鞘背面　　　　　枝、叶　　　　　植株

405. 紫竹

学　　名：*Phyllostachys nigra* (Lodd.) Munro

属　　名：刚竹属 *Phyllostachys* Siebold & Zucc.

形态特征：竿高 4~8 m，稀可高达 10 m，直径可达 5 cm，幼竿绿色，密被细柔毛及白粉，箨环有毛，竿老时变为紫色或紫黑色，无毛；中部节间长 25~30 cm，壁厚约 3 mm；竿环与箨环均隆起，且竿环高于箨环或两环等高。箨鞘背面红褐色或更带绿色，有斑点或无，被微量白粉及较密的淡褐色刺毛；箨耳长圆形至镰形，紫黑色；箨舌拱形至尖拱形，紫色，边缘生有长纤毛；箨片三角形至三角状披针形，绿色，但脉为紫色，舟状。末级小枝具 2 或 3 叶；叶耳不明显，有脱落性鞘口繸毛；叶舌稍伸出；叶片质薄。花枝呈短穗状。笋期 4 月下旬。

分　　布：大别山、伏牛山有零星栽培，本区少量分布。为栽培。

竿、节、枝

叶

植株

406. 假稻

学　　名：*Leersia japonica* (Makino) Honda

属　　名：假稻属 *Leersia* Sol. & Swartz

形态特征：多年生草本。秆下部伏卧地面，节生多分枝的须根，上部向上斜升，高 60 ~ 80 cm，节密生倒毛。叶鞘短于节间，微粗糙；叶舌长 1 ~ 3 mm，基部两侧下延与叶鞘连合；叶片粗糙或下面平滑。圆锥花序长 9 ~ 12 cm，分枝平滑，直立或斜升，有角棱，稍压扁；小穗长 5 ~ 6 mm，带紫色；外稃具 5 脉，脊具刺毛；内稃具 3 脉，中脉生刺毛；雄蕊 6 枚，花药长 3 mm。花果期夏秋季。

分　　布：产于平原及浅山区。本区少量分布，生于消落带、河岸及浅水区域。

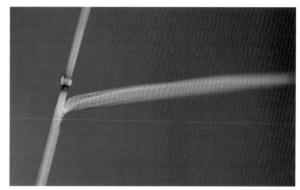

秆、叶

花序

小穗、小穗轴

植株

407. 菰　茭白

学　　名：*Zizania latifolia* (Griseb.) Stapf

属　　名：菰属 *Zizania* L.

形态特征：多年生草本，具匍匐根茎。须根粗壮。秆高 1 ~ 2 m，直径约 1 cm，多节，基部节生不定根。叶鞘长于节间，肥厚，有小横脉；叶舌膜质，长约 1.5 cm，顶端尖；叶片长 50 ~ 90 cm，宽 1.5 ~ 3 cm。圆锥花序长 30 ~ 50 cm，分枝多数簇生，上升，果期开展。雄小穗长 1 ~ 1.5 cm，两侧扁，着生花序下部或分枝上部，带紫色，外稃具 5 脉，先端渐尖具小尖头，内稃具 3 脉，中脉成脊，具毛，花药长 0.5 ~ 1 cm。雌小穗圆筒形，长 1.8 ~ 2.5 cm，宽 1.5 ~ 2 mm，着生花序上部和分枝下方与主轴贴生处，外稃 5 脉粗糙，芒长 2 ~ 3 cm，内稃具 3 脉。颖果圆柱形，长约 1.2 cm，胚小型，为果体 1/8。

分　　布：河南各地均产，本区北园分布较多。生于消落带、湿地等。

功用价值：水质净化。秆基部膨大后可作蔬菜，秆可为饲料，根状茎、肥茎入药。

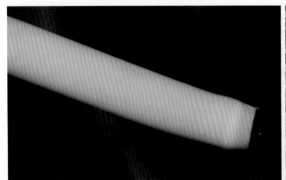

叶鞘

叶基

植株

408. 芦苇

学　　名：*Phragmites australis* (Cav.) Trin. ex Steud.

属　　名：芦苇属 *Phragmites* Adans.

形态特征：多年生草本，根状茎十分发达。秆直立，基部和上部的节间较短，最长节间位于下部，节下被蜡粉。叶鞘下部者短于上部者，长于其节间；叶舌边缘密生一圈长约 1 mm 的短纤毛，两侧缘毛长 3~5 mm，易脱落；叶片披针状线形，无毛，顶端长渐尖成丝形。圆锥花序大型，分枝多数，着生稠密下垂的小穗；小穗较大，长（10~）13~20 mm；颖具 3 脉，第一不孕外稃明显长大，外稃基盘延长，两侧密生等长于外稃的丝状柔毛；雄蕊 3 枚，花药黄色。颖果长约 1.5 mm。花期 7~9 月，果期 9~11 月。

分　　布：产于平原和山区，本区广泛分布。生于消落带附近，有原生型和栽培型。原生型芦苇较为瘦小，栽培型芦苇较为高大。

功用价值：消落带生态修复，水质净化，固体污染物阻隔。根有药用价值。茎秆可作编制物。具有较好的污水净化能力，更是野生动物的良好栖息地。

果期　　　　　　　　　　茎、叶　　　　　　　　　　植株

群丛

409. 芦竹

学　　名：*Arundo donax* L.

属　　名：芦竹属 *Arundo* L.

形态特征：多年生草本。具粗而多节的根状茎。秆粗壮，坚韧，可生分枝。叶鞘长于节间，无毛或颈部具长柔毛；叶舌截平，先端具短纤毛；叶片扁平，上面与边缘微粗糙，基部白色，抱茎。圆锥花序极大型，分枝稠密；小穗长 8~10 mm，含 2~4 朵小花；外稃中脉延伸成 1~2 mm 之短芒，背面中部以下密生长柔毛，长约 5 mm，第一外稃长约 1 cm；内稃长约为外稃之半；雄蕊 3 枚。颖果细小黑色。

分　　布：河南各地栽培，本区少量分布，常簇生或成片生长，形成群落。

功用价值：茎秆较芦苇高大坚硬，茎秆可作编制物。具有较好的水质净化能力，更是野生动物的良好栖息地。同时景观效果强，是良好的水边隔离材料。

植株　　　　　　　果穗　　　　　　　茎、叶

410. 臭草

学　　名：*Melica scabrosa* Trin.

属　　名：臭草属 *Melica* L.

形态特征：多年生草本。须根细弱，较稠密。秆丛生，直立或基部膝曲，基部密生分蘖。叶鞘闭合近鞘口，常撕裂，光滑或微粗糙；叶舌透明膜质，顶端撕裂而两侧下延；叶片质较薄，扁平，干时常卷折，宽 2~7 mm，两面粗糙或上面疏被柔毛。圆锥花序狭窄；花序具较密的小穗；小穗淡绿色或乳白色，含孕性小花 2~4 (~6) 朵，顶端由数个不育外稃集成小球形；颖膜质，狭披针形，两颖几等长，具 3~5 条脉，背面中脉常生微小纤毛；外稃草质，具 7 条隆起的脉，背面颖粒状粗糙；内稃短于外稃或相等，具 2 脊。颖果褐色，纺锤形。花果期 5~8 月。

分　　布：产于太行山和伏牛山，本区南园广泛分布。生于山坡、林下等。

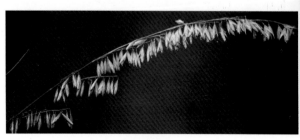

花序

茎、叶　　　　　　　　　植株

411. 早熟禾

学　名：*Poa annua* L.

属　名：早熟禾属 *Poa* L.

形态特征：一年生或冬性禾草。秆直立或倾斜，质软，全体平滑无毛。叶鞘稍压扁，中部以下闭合；叶舌圆头；叶片扁平或对折，质地柔软，常有横脉纹，顶端急尖呈船形，边缘微粗糙。圆锥花序宽卵形，开展；小穗卵形，含 3~5 朵小花；颖质薄，具宽膜质边缘，顶端钝，第一颖披针形，具 1 条脉，第二颖具 3 条脉；外稃卵圆形，顶端与边缘宽膜质，具明显的 5 条脉，脊与边脉下部具柔毛，间脉近基部有柔毛，基盘无绵毛；花药黄色。颖果纺锤形。花期 4~5 月，果期 6~7 月。

分　布：产于河南各山区，本区广泛分布。生于消落带、路旁草地、田野水沟或阴蔽荒坡湿地。

花序、小穗及花

秆、叶、花序

植株

412. 雀麦

学　　名：*Bromus japonicus* Thunb. ex Murr.

属　　名：雀麦属 *Bromus* L.

形态特征：一年生草本。秆直立。叶鞘闭合，被柔毛；叶舌先端近圆形；叶片两面生柔毛。圆锥花序疏展，具 2～8 个分枝，向下弯垂；分枝上部着生 1～4 枚小穗；小穗黄绿色，密生 7～11 朵小花；颖近等长，脊粗糙，边缘膜质；外稃椭圆形，草质，边缘膜质，芒自先端下部伸出，成熟后外弯；内稃长 7～8 mm，两脊疏生细纤毛；小穗轴短棒状；花药长 1 mm。颖果长 7～8 mm。花果期 5～7 月。

分　　布：产于浅山、平原，本区广泛分布。生于消落带、山坡林缘、荒野路旁、河漫滩湿地。

总花序

果熟期

穗、小穗、小花

植株

413. 纤毛披碱草

学　　名：*Elymus ciliaris* (Trinius ex Bunge) Tzvelev

属　　名：披碱草属 *Elymus* L.

形态特征：秆单生或成疏丛，直立，基部节常膝曲，平滑无毛，常被白粉。叶鞘无毛，稀可基部叶鞘于接近边缘处具有柔毛；叶片扁平，两面均无毛，边缘粗糙。穗状花序直立或多少下垂；小穗通常绿色，含（6）7~12朵小花；颖椭圆状披针形，先端常具短尖头，两侧或一侧常具齿，具5~7条脉，边缘与边脉上具有纤毛；第一外稃长8~9 mm，顶端延伸成粗糙反曲的芒；内稃长为外稃的2/3，先端钝头，脊的上部具少许短小纤毛。花期4~5月，果期5~6月。

分　　布：产于河南各地，本区广泛分布。生于林地、山坡、路旁等。

小穗　　　　　　　　　总花序　　　　　　　　　植株

414. 日本纤毛草

学　　名：*Elymus ciliaris* var. *hackelianus* (Honda) G. Zhu & S. L. Chen

属　　名：披碱草属 *Elymus* L.

形态特征：本变种与原变种的主要区别在于，叶片宽（3）4~6 mm；外稃先端芒长5~14 mm。

分　　布：产于伏牛山、大别山及桐柏山，本区少量分布。生于林地、山坡、路旁等。

复穗状花序　　　　　　　穗及小穗　　　　　　　植株

415. 直穗鹅观草

学　　名：*Elymus gmelinii* (Ledebour) Tzvelev

属　　名：披碱草属 *Elymus* L.

形态特征：多年生草本。植株具根头。秆较细瘦，基部直径 1.5~2 mm。上部叶鞘平滑无毛，下部者常具倒毛；叶片质软而扁平，上面被细短微毛，下面无毛。穗状花序直立，含 7~13 枚小穗，常偏于一侧；小穗黄绿色或微带蓝紫色，含 5~7 朵小花；颖披针形，先端尖或渐尖，具 3~5 条粗壮的脉及 1~2 条较短而细的脉，第一颖长 6~11.5 mm，第二颖长 9~12 mm；外稃披针形，全体遍生微小硬毛，上部具明显 5 脉，第一外稃长 10~12 mm；内稃脊上部具短硬纤毛，先端钝圆或微凹。花期 5~6 月。

分　　布：产于太行山和伏牛山，本区少量分布。生于山坡草地、林中沟边、平坡地。

复穗状花序　　　　穗及小穗　　　　植株

416. 本田披碱草

学　　名：*Elymus hondae* (Kitagawa) S. L. Chen

属　　名：披碱草属 *Elymus* L.

形态特征：多年生草本。秆无毛。基部的叶鞘常具倒毛。叶片扁平，上面粗糙，脉上具糙毛，下面较平滑。穗状花序，多少带紫色，具小穗 11 枚；小穗较疏松的两侧排列于穗轴上，通常含 5 朵小花；颖宽披针形，脉上粗糙，边缘无毛；外稃上部具明显 5 脉，粗糙，先端两侧或一侧具微齿，第一外稃长约 10 mm，先端芒长 15~25 mm；内稃稍短于外稃。花期 6~7 月，果期 7~8 月。

分　　布：产于太行山和伏牛山，本区少量分布。生于山坡、林地、路旁等。

穗　　　　　　　小穗　　　　　　　植株

417. 缘毛披碱草

学　　名：*Elymus pendulinus* (Nevski) Tzvelev

属　　名：披碱草属 *Elymus* L.

形态特征：多年生草本，秆高 60 ~ 80 cm，节处平滑无毛，基部叶鞘具倒毛。叶片扁平，无毛或上面疏生柔毛。穗状花序稍垂头；小穗长 15 ~ 25 mm（芒除外），含 4 ~ 8 朵小花；颖长圆状披针形，先端锐尖至长渐尖，具 5 ~ 7 条明显的脉，第一颖长 7 ~ 9 mm，第二颖长 7 ~ 10 mm；外稃边缘具长纤毛，背部粗糙或仅于近顶端处疏生短小硬毛，第一外稃长 9 ~ 11 mm；内稃与外稃几等长，脊上部具小纤毛，脊间亦被短毛。花期 5 ~ 6 月，果期 6 ~ 7 月。

分　　布：产于太行山和伏牛山，本区广泛分布。生于消落带上部、山沟、林下等。

小穗

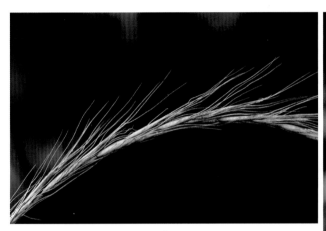

穗

秆、叶、穗

植株

418. 山东披碱草

学　　名：*Elymus shandongensis* B. Salomon

属　　名：披碱草属 *Elymus* L.

形态特征：秆丛生，直立或稍外倾在基部，高 60 ~ 90 cm。叶鞘通常无毛；大约 6.5 mm 的叶舌；叶片边缘平或内卷，两面粗糙或正面平滑。穗状花序直立或稍弯曲，每节 8 ~ 20 cm，小穗 1 mm，5 ~ 8 朵小花，具长圆状披针形的颖片；下部颖片 5 ~ 7 mm，上部颖片 7 ~ 9 mm；外稃长圆状披针形，近无毛背面，边缘膜质；芒直立，(12-)20 ~ 30 mm，粗糙。花果期 7 ~ 8 月。

分　　布：产于伏牛山、大别山及桐柏山，本区南园少量分布。生于山坡、岸边等。

穗　　　　　　　　　　小穗　　　　　　　　　植株

小穗成熟期

419. 野燕麦

学　　名：*Avena fatua* L.

属　　名：燕麦属 *Avena* L.

形态特征：一年生草本。须根较坚韧；秆直立，光滑无毛，具 2～4 节。叶鞘松弛，光滑或基部被微毛；叶舌透明膜质；叶片扁平，微粗糙，或上面和边缘疏生柔毛。圆锥花序开展，金字塔形，分枝具棱角，粗糙；小穗含 2～3 朵小花，其柄弯曲下垂，顶端膨胀；小穗轴密生淡棕色或白色硬毛，其节脆硬易断落，第一节间长约 3 mm；颖草质，通常具 9 脉；外稃质地坚硬，芒自稃体中部稍下处伸出，膝曲，芒柱棕色。颖果被淡棕色柔毛，腹面具纵沟。花果期 4～9 月。

分　　布：产于河南各地，本区广泛分布。生于消落带上部区域或有大面积群落。

花序

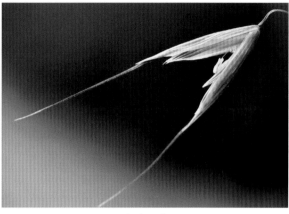
小穗、花

小穗－果期

植株

植株花期

420. 看麦娘

学　　名：*Alopecurus aequalis* Sobol.

属　　名：看麦娘属 *Alopecurus* L.

形态特征：一年生草本。秆少数丛生，节处常膝曲。叶鞘光滑，短于节间；叶舌膜质；叶片扁平。圆锥花序圆柱状，灰绿色；小穗椭圆形或卵状长圆形，长 2~3 mm；颖膜质，基部互相连合，具 3 脉，脊上有细纤毛，侧脉下部有短毛；外稃膜质，等大或稍长于颖，下部边缘互相连合，芒于稃体下部伸出，长 1.5~3.5 mm，隐藏或稍外露；花药橙黄色，长 0.5~0.8 mm。颖果长约 1 mm。花果期 4~8 月。

分　　布：产于河南各地，本区广泛分布。生于消落带及林下阴湿处。

功用价值：水质净化。

花序　　　　　　　　　　　小穗　　　　　　　　　　　植株

群丛　　　　　　　　　　　　　　　生境

421. 日本看麦娘

学　　名：*Alopecurus japonicus* Steud.

属　　名：看麦娘属 *Alopecurus* L.

形态特征：一年生草本。秆少数丛生，直立或基部膝曲，具 3~4 节。叶鞘松弛；叶舌膜质；叶片上面粗糙，下面光滑。圆锥花序圆柱状；小穗长圆状卵形，长 5~6 mm；颖仅基部互相连合，具 3 脉，脊上具纤毛；外稃略长于颖，厚膜质，下部边缘互相连合，芒长 8~12 mm，近稃体基部伸出，上部粗糙，中部稍膝曲；花药色淡或白色，长约 1 mm。颖果半椭圆形。花果期 2~5 月。

分　　布：产于河南各地，本区广泛分布。生于消落带及岸边。

花序　　　　　　　小穗　　　　　　　植株

422. 棒头草

学　　名：*Polypogon fugax* Nees ex Steud.

属　　名：棒头草属 *Polypogon* Desf.

形态特征：一年生草本。秆丛生，基部膝曲。叶鞘光滑无毛；叶舌膜质，常 2 裂或顶端具不整齐的裂齿；叶片扁平，微粗糙或下面光滑。圆锥花序穗状，长圆形或卵形，较疏松，具缺刻或有间断，分枝长可达 4 cm；小穗灰绿色或部分带紫色；颖长圆形，疏被短纤毛，先端 2 浅裂，芒从裂口处伸出，短于或稍长于小穗；外稃光滑，长约 1 mm，先端具微齿，中脉延伸成长约 2 mm 而易脱落的芒；雄蕊 3 枚。颖果椭圆形，一面扁平。花果期 4~9 月。

分　　布：产于河南各地，本区广泛分布。生于消落带及河边。

花序　　　　　　　花序　　　　　　　植株

423. 菵草

学　　名：*Beckmannia syzigachne* (Steud.) Fern.

属　　名：菵草属 *Beckmannia* Host

形态特征：一年生草本。秆直立，具 2～4 节。叶鞘无毛，多长于节间；叶舌透明膜质；叶片扁平，粗糙或下面平滑。圆锥花序长 10～30 cm；小穗扁平，圆形，灰绿色，常含 1 朵小花，长约 3 mm；颖草质，边缘质薄，白色，背部灰绿色，具淡色的横纹；外稃披针形，具 5 脉，常具伸出颖外之短尖头；花药黄色，长约 1 mm。颖果黄褐色，长圆形，先端具丛生短毛。花果期 4～10 月。

分　　布：产于河南各山区、平原，本区广泛分布。生于消落带、河边湿地。

功用价值：为优质牧草资源。

花

果实

花序

植株

424. 知风草

学　　名：*Eragrostis ferruginea* (Thunb.) Beauv.

属　　名：画眉草属 *Eragrostis* Wolf

形态特征：多年生草本。秆丛生或单生，直立或基部膝曲。叶鞘两侧极压扁，基部相互跨覆，光滑无毛，鞘口与两侧密生柔毛，通常在叶鞘的主脉上生有腺点；叶舌退化为一圈短毛；叶片平展或折叠，上部叶超出花序之上，常光滑无毛或上面近基部偶疏生有毛。圆锥花序大而开展，分枝节密，每节生枝 1～3 个，向上，枝腋间无毛；小穗柄在其中部或中部偏上有一腺体，在小枝中部也常存在；小穗长圆形，有 7～12 朵小花，多带黑紫色，有时也出现黄绿色；颖开展，具 1 脉；外稃卵状披针形，先端稍钝，内稃短于外稃，脊上具有小纤毛，宿存；花药长约 1 mm。颖果棕红色。花果期 8～12 月。

分　　布：产于河南各山区，本区广泛分布。生于消落带、路边草丛及山坡。

小穗　　　　　　　　　　植株

花序　　　　　　　　　　　植株花期

425. 画眉草

学　　名：*Eragrostis pilosa* (L.) Beauv.

属　　名：画眉草属 *Eragrostis* Wolf

形态特征：一年生草本。秆丛生，通常具4节。叶鞘松裹茎，长于或短于节间，扁压，鞘缘近膜质，鞘口有长柔毛；叶舌为一圈纤毛；叶片线形扁平或卷缩，无毛。圆锥花序开展或紧缩，分枝单生，簇生或轮生，多直立向上，腋间有长柔毛，小穗具柄，含4~14朵小花；颖膜质，披针形。第一颖长0.5~0.8 mm，无脉，第二颖长1~1.2 mm，具1脉；外稃侧脉不明显，第一外稃长约1.8 mm；内稃长约1.5 mm，稍作弓形弯曲，脊上有纤毛，迟落或宿存；雄蕊3枚，花药长约0.3 mm。颖果长圆形。花果期8~11月。

分　　布：产于河南各平原及浅山区，本区广泛分布。生于山坡、路边及消落带。

小穗

花序　　　　　　　　　　　　植株

426. 乱草

学　　名：*Eragrostis japonica* (Thunb.) Trin.

属　　名：画眉草属 *Eragrostis* Wolf

形态特征：一年生草本。秆直立或膝曲丛生，高 30～100 cm。叶鞘一般比节间长，松裹茎，无毛；叶舌干膜质；叶片平展，光滑无毛。圆锥花序长圆形，整个花序常超过植株一半以上，分枝纤细，簇生或轮生，腋间无毛。小穗卵圆形，成熟后紫色，自小穗轴由上而下逐节断落；颖近等长，先端钝，具 1 脉；第一外稃长约 1 mm，广椭圆形，先端钝，具 3 脉，侧脉明显；内稃长约 0.8 mm，先端为 3 齿，具 2 脊，脊上疏生短纤毛。颖果棕红色并透明，卵圆形。花果期 6～11 月。

小穗

分　　布：产于大别山区，本区广泛分布，在北园有大面积群落。生于消落带湿地区域。

花序 – 果期

花序

植株

427. 朝阳隐子草

学　　名：*Cleistogenes hackelii* (Honda) Honda

属　　名：隐子草属 *Cleistogenes* Keng

形态特征：多年生草本。秆丛生，直立，直径 0.5 ~ 1 mm，基部密生贴近根头的鳞芽。叶鞘长于节间，鞘口常具柔毛；叶舌短，边缘具纤毛；叶片扁平或内卷。圆锥花序疏展，具 3 ~ 5 个分枝，小穗黄绿色或稍带紫色，长 5 ~ 7 mm，含 3 ~ 5 朵小花；颖披针形，先端渐尖，第一颖长 3 ~ 4.5 mm，第二颖长 4 ~ 5.5 mm；外稃披针形，边缘具长柔毛，具 5 脉，第一外稃长 5 ~ 6 mm，先端芒长 2 ~ 5 mm；内稃与外稃近等长。花果期 7 ~ 10 月。

分　　布：产于大别山、桐柏山及伏牛山南部，本区南园广泛分布。生于山坡、路旁等。

花序

小穗、小花

植株

428. 宽叶隐子草

学　　名：*Cleistogenes hackelii* var. *nakaii* (Keng) Ohwi

属　　名：隐子草属 *Cleistogenes* Keng

形态特征：与原变种的区别为：小穗灰绿色，长 7~9 mm，含 2~5 朵小花；颖近膜质，具 1 脉或第一颖无脉，第一颖长 0.5~2 mm，第二颖长 1~3 mm；外稃披针形，黄绿色，常具灰褐色斑纹，外稃边缘及基盘均具短柔毛，第一外稃长 5~6 mm，先端芒长 3~9 mm。花果期 7~10 月。

分　　布：产于大别山区及伏牛山区，本区南园少量分布。生于山坡林缘、林下灌丛。

秆、叶

小穗、小花

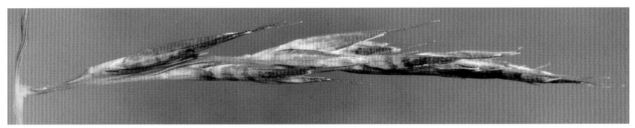

小穗

小穗

植株、花序

429. 千金子

学　　名： *Leptochloa chinensis* (L.) Nees

属　　名： 千金子属 *Leptochloa* P. Beauv.

形态特征： 一年生草本。秆直立，基部膝曲或倾斜，平滑无毛。叶鞘无毛，大多短于节间；叶舌膜质，常撕裂具小纤毛；叶片扁平或多少卷折，先端渐尖，两面微粗糙或下面平滑。圆锥花序长 10～30 cm，分枝及主轴均微粗糙；小穗多带紫色，长 2～4 mm，含 3～7 朵小花；颖具 1 脉，脊上粗糙。颖果长圆球形。花果期 8～11 月。

分　　布： 产于河南各浅山区及平原地区，本区广泛分布。生于消落带及林下潮湿处。

小穗

花序

植株

株丛

430. 虮子草

学　　名：*Leptochloa panicea* (Retz.) Ohwi

属　　名：千金子属 *Leptochloa* P. Beauv.

形态特征：一年生草本。叶鞘疏生有疣基的柔毛；叶舌膜质，多撕裂，或顶端作不规则齿裂；叶片质薄，扁平，无毛或疏生疣毛。圆锥花序长 10 ~ 30 cm，分枝细弱；小穗灰绿色或带紫色，长 1 ~ 2 mm，含 2 ~ 4 朵小花；颖膜质，具 1 脉，脊上粗糙，第一颖较狭窄，顶端渐尖，长约 1 mm，第二颖较宽，长约 1.4 mm；外稃具 3 脉，脉上被细短毛。花果期 7 ~ 10 月。

分　　布：产于大别山、桐柏山及伏牛山南部，本区广泛分布。生于田野路边和园圃内。

花序　　　　　　　　花序果期　　　　　　　　植株

431. 牛筋草

学　　名：*Eleusine indica* (L.) Gaertn.

属　　名：䅟属（牛筋草属）*Eleusine* Gaertn.

形态特征：一年生草本。植株矮小。根系极发达。叶鞘两侧压扁而具脊，松弛，无毛或疏生疣毛；叶舌长约 1 mm；叶片平展，线形，无毛或上面被疣基柔毛。穗状花序 2 ~ 7 个呈指状着生于秆顶；小穗含 3 ~ 6 朵小花；颖披针形，脊粗糙；第一颖长 1.5 ~ 2 mm；第二颖长 2 ~ 3 mm；第一外稃长 3 ~ 4 mm，卵形，膜质，脊上有狭翼，内稃短于外稃，具 2 脊，脊上具狭翼。囊果卵形，具明显的波状皱纹。鳞被 2，折叠，具 5 脉。花果期 6 ~ 10 月。

分　　布：产于河南各浅山区及平原地区，本区广泛分布。生于路旁、荒地及消落带。

功用价值：水土流失治理。

花序　　　　　　　　小穗　　　　　　　　植株

432. 虎尾草

学　　名：*Chloris virgata* Sw.

属　　名：虎尾草属 *Chloris* Sw.

形态特征：一年生草本。秆直立或基部膝曲，光滑无毛。叶鞘背部具脊，包卷松弛，无毛；叶舌无毛或具纤毛；叶片线形，两面无毛或边缘及上面粗糙。穗状花序 5～10 余枚，呈指状着生于秆顶；小穗无柄，长约 3 mm；颖膜质，具 1 脉；第一颖长约 1.8 mm，第二颖等长或略短于小穗；第一小花两性，外稃纸质；内稃膜质，略短于外稃；第二小花不孕，长楔形，仅存外稃。颖果纺锤形，淡黄色。花果期 6～10 月。

分　　布：产于河南各浅山区及平原地区，本区广泛分布。生于消落带及路边、山坡等。

花序

花序 – 果熟期

植株

433. 狗牙根

学　　名：*Cynodon dactylon* (L.) Pers.

属　　名：狗牙根属 *Cynodon* Rich.

形态特征：低矮草本，具地下根状茎。秆匍匐地面，节上常生不定根，秆壁厚，光滑无毛，有时略两侧压扁。叶鞘微具脊，无毛或有疏柔毛，鞘口常具柔毛；叶舌仅为一轮纤毛；叶片线形，通常两面无毛。穗状花序 3~6 枚；小穗灰绿色或带紫色，仅含 1 朵小花；第一颖长 1.5~2 mm，第二颖稍长，均具 1 脉，背部成脊而边缘膜质；外稃舟形，具 3 脉，背部明显成脊，脊上被柔毛；内稃与外稃近等长，具 2 脉。颖果长圆柱形。花果期 5~10 月。

分　　布：产于河南各浅山丘陵及平原地带，本区广泛分布。生于路边、草地、荒地、消落带等。

功用价值：水土流失治理。

小穗、花

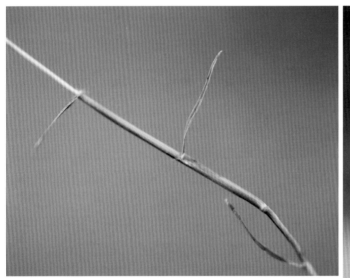

秆、叶

匍匐茎、叶

植株、花序

434. 结缕草

学　　名：*Zoysia japonica* Steud.

属　　名：结缕草属 *Zoysia* Willd.

形态特征：多年生草本。具横走根茎。秆直立；叶鞘无毛，下部者松弛而互相跨覆，上部者紧密裹茎；叶舌纤毛状，长约 1.5 mm；叶片扁平或稍内卷，表面疏生柔毛，背面近无毛。总状花序呈穗状；小穗柄可长于小穗；小穗长 2.5～3.5 mm，卵形，淡黄绿色或带紫褐色，第一颖退化，第二颖质硬，略有光泽，具 1 脉，于近顶端处由背部中脉延伸成小刺芒；外稃膜质，长圆形；雄蕊 3 枚，花丝短，花药长约 1.5 mm；花柱 2 个，柱头帚状，开花时伸出稃体外。颖果卵形。花果期 5～8 月。

分　　布：产于大别山、桐柏山及伏牛山南部，本区少量分布。生于山坡草地及消落带草地。

复穗状花序、花　　　　　　　植株

435. 虮子草

学　　名：*Tragus berteronianus* Schultes

属　　名：锋芒草属 *Tragus* Haller

形态特征：一年生草本。须根细弱。秆倾斜，基部常伏卧地面。叶鞘短于节间或近等长，松弛裹茎；叶舌膜质，顶端具长约 0.5 mm 的柔毛；叶片披针形，边缘软骨质，疏生细刺毛。花序紧密，几呈穗状；小穗长 2～3 mm，通常 2 个簇生，均能发育，稀仅 1 枚发育；第一颖退化，第二颖革质，具 5 肋，顶端无明显伸出的小尖头；外稃膜质，卵状披针形，疏生柔毛，内稃稍狭而短；雄蕊 3 枚，花药椭圆形，细小；花柱 2 裂，柱头帚状。颖果椭圆形，稍扁。

分　　布：产于河南各浅山区和平原地区，本区广泛分布。生于消落带及岸边草地。

花序　　　　　　　　　　果熟期　　　　　　　　　　茎、叶

436. 柳叶箬

学　　名：*Isachne globosa* (Thunb.) Kuntze

属　　名：柳叶箬属 *Isachne* R. Br.

形态特征：多年生草本。主秆直立或下部倾斜，节上无毛。叶鞘短于节间，一侧边缘具疣基毛；叶舌纤毛状；叶片披针形，两面均具微细毛，粗糙，全缘或微波状。圆锥花序卵圆形，常分枝，分枝和小穗柄均具黄色腺斑；小穗椭圆状球形，长 2～2.5 mm，淡绿色，或成熟后带紫褐色；两颖近等长，坚纸质，具 6～8 脉，无毛，边缘狭膜质；第一小花通常雄性，稃体质地亦稍软；第二小花雌性，近球形，外稃边缘和背部常有微毛；鳞被楔形，顶端平截或微凹。颖果近球形。花果期夏秋季。

分　　布：产于河南各浅山区和平原地区，本区少量分布。生于山坡湿润处及岸边湿润处。

花序

植株

小穗、花

果实

437. 糠稷

学　　名：*Panicum bisulcatum* Thunb.

属　　名：黍属 *Panicum* L.

形态特征：一年生草本。秆较坚硬，直立或基部伏地，节上可生根。叶鞘松弛，边缘被纤毛；叶舌膜质，顶端具纤毛；叶片质薄，狭披针形，顶端渐尖，基部近圆形，几无毛。圆锥花序；小穗椭圆形，长 2 ~ 3 mm，绿色或有时带紫色，具细柄；第一颖长约为小穗的 1/2，具 1 ~ 3 脉；第二颖与第一外稃同形并且等长，均具 5 脉，外被细毛或后脱落；第一内稃缺；第二外稃椭圆形，长约 1.8 mm，成熟时黑褐色。鳞被具 3 脉，透明或不透明，折叠。花果期 9 ~ 11 月。

分　　布：产于大别山、桐柏山及伏牛山南部，本区广泛分布。生于消落带及荒野潮湿处。

| 果实 | 花序 | 叶鞘、叶舌、叶耳 | 秆、叶、花序 |

花序－果期

小穗、小花　　　　　　　　　植株

438. 求米草

学　　名：*Oplismenus undulatifolius* (Arduino) Beauv.

属　　名：求米草属 *Oplismenus* P. Beauv.

形态特征：多年生草本。秆纤细，基部平卧地面，节处生根。叶鞘短于或上部者长于节间，密被疣基毛；叶舌膜质，短小；叶片扁平，披针形至卵状披针形，通常具细毛。圆锥花序长 2～10 cm，主轴密被疣基长刺柔毛；小穗卵圆形，被硬刺毛，长 3～4 mm，簇生于主轴或部分孪生；颖草质，第一颖长约为小穗之半，顶端具芒，具 3～5 脉；第二颖较长于第一颖，顶端芒长 2～5 mm，具 5 脉；第一外稃草质，与小穗等长，具 7～9 脉，顶端芒长 1～2 mm，第一内稃通常缺；第二外稃革质，边缘包着同质的内稃；鳞被 2，膜质；雄蕊 3 枚；花柱基分离。花果期 7～11 月。

分　　布：产于河南各山区，本区广泛分布。生于山坡阴湿处、林下阴湿处。

果期

秆、叶、花序

小穗、小花

植株

439. 稗

学　　名：*Echinochloa crus-galli* (L.) P. Beauv.

属　　名：稗属 *Echinochloa* P. Beauv.

形态特征：一年生草本。秆光滑无毛，基部倾斜或膝曲。叶鞘疏松裹秆，平滑无毛，下部者长于而上部者短于节间；叶舌缺；叶片扁平、线形、无毛，边缘粗糙。圆锥花序直立；主轴具棱，粗糙或具疣基长刺毛；分枝柔软；穗轴粗糙或生疣基长刺毛；小穗卵形，长 3～4 mm，脉上密被疣基刺毛，具短柄或近无柄。花果期夏秋季。

分　　布：产于河南各地，本区广泛分布。生于山坡、路边、消落带及岸边草地等。

花序

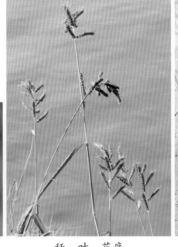

秆、叶、花序

植株

440. 无芒稗

学　　名：*Echinochloa crus-galli* var. *mitis* (Pursh) Petermann.

属　　名：稗属 *Echinochloa* P. Beauv.

形态特征：秆高 50～120 cm，直立，粗壮。叶片长 20～30 cm，宽 6～12 mm。圆锥花序直立，长 10～20 cm，分枝斜上举而开展，常再分枝；小穗卵状椭圆形，长约 3 mm，无芒或具极短芒，芒长常不超过 0.5 mm，脉上被疣基硬毛。

分　　布：产于河南各地，本区广泛分布。生于山坡、路边、消落带及岸边草地等。

花序

小穗

植株

441. 西来稗

学　　名：*Echinochloa crus-galli* var. *zelayensis* (Kunth) Hitchcock

属　　名：稗属 *Echinochloa* P. Beauv.

形态特征：秆高 50～75 cm。叶片长 5～20 mm，宽 4～12 mm；圆锥花序直立，长 11～19 cm，分枝上不再分枝；小穗卵状椭圆形，长 3～4 mm，顶端具小尖头而无芒，脉上无疣基毛，但疏生硬刺毛。

分　　布：产于河南各浅山区及平原地区，本区广泛分布。生于荒地、路旁及消落带。

花序　　　　　　　　　　　　　　　　小穗　　　　茎、叶、花序

442. 光头稗

学　　名：*Echinochloa colona* (Linnaeus) Link

属　　名：稗属 *Echinochloa* P. Beauv.

形态特征：一年生草本。秆直立。叶鞘压扁而背具脊，无毛；叶舌缺；叶片扁平，线形，无毛，边缘稍粗糙；圆锥花序狭窄；主轴具棱，通常无疣基长毛，棱边上粗糙；花序分枝长 1～2 cm，穗轴无疣基长毛或仅基部被 1～2 根疣基长毛；小穗卵圆形，长 2～2.5 mm，具小硬毛，无芒。花果期夏秋季。

分　　布：产于大别山、桐柏山及伏牛山南部，本区广泛分布。生于消落带及路旁。

花序　　　　　　　秆、叶、花序　　　　　　　植株

443. 毛臂形草

学　　名：*Brachiaria villosa* (Ham.) A. Camus

属　　名：臂形草属 *Brachiaria* (Trin.) Griseb.

形态特征：一年生草本。秆基部倾斜，全体密被柔毛。叶鞘被柔毛，尤以鞘口及边缘更密；叶舌小，具长约 1 mm 纤毛；叶片卵状披针形，两面密被柔毛，边缘呈波状皱折。圆锥花序由 4 ~ 8 个总状花序组成；主轴与穗轴密生柔毛；小穗卵形，常被短柔毛或无毛；小穗柄有毛；第一颖长为小穗之半，具 3 脉；第二颖等长或略短于小穗，具 5 脉；第一小花中性，其外稃与小穗等长；第二外稃革质，稍包卷同质内稃；鳞被 2，膜质；花柱基分离。花果期 7 ~ 10 月。

分　　布：产于大别山、桐柏山及伏牛山南部，本区少量分布。生于田野和山坡草地。

秆、叶、花序　　　　　　　　　　　　　　　花序

小穗　　　　　　　　　　　　　　　　茎叶

444. 雀稗

学　　名：*Paspalum thunbergii* Kunth ex Steud.

属　　名：雀稗属 *Paspalum* L.

形态特征：多年生草本。秆直立，丛生，节被长柔毛。叶鞘具脊；叶舌膜质；叶片线形，两面被柔毛。总状花序 3～6 枚，互生于主轴上，形成总状圆锥花序，分枝腋间具长柔毛；小穗椭圆状倒卵形，散生微柔毛，顶端圆或微突；第二颖与第一外稃相等，膜质，具 3 脉，边缘有明显微柔毛。第二外稃等长于小穗，革质，具光泽。花果期 5～10 月。

分　　布：产于大别山、桐柏山及伏牛山南部，本区少量分布。生于消落带及潮湿草地。

秆、叶、花序

花序

小穗、小花

445. 双穗雀稗

学　　名：*Paspalum distichum* Linnaeus

属　　名：雀稗属 *Paspalum* L.

形态特征：多年生草本。匍匐茎横走，节生柔毛。叶鞘短于节间，背部具脊，边缘或上部被柔毛；叶舌长 2～3 mm，无毛；叶片披针形，无毛。总状花序 2 个，指状排列；小穗倒卵状长圆形，顶端尖，疏生微柔毛；第一颖退化或微小；第二颖贴生柔毛，具明显的中脉；第一外稃具 3～5 脉，通常无毛，顶端尖；第二外稃草质，等长于小穗，黄绿色，顶端尖，被毛。花果期 5～9 月。

分　　布：产于河南各地，本区广泛分布。生于消落带及河边。为湿地优势物种。

功用价值：具有很强的水质净化效果。

小穗、小花

花序

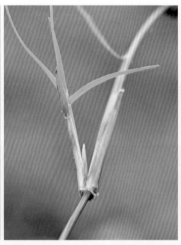

茎、枝、叶

匍匐茎

群落

植株

446. 升马唐

学　　名：*Digitaria ciliaris* (Retz.) Koel.

属　　名：马唐属 *Digitaria* Haller

形态特征：一年生草本。秆基部横卧地面，节处生根和分枝。叶鞘常短于其节间，多少具柔毛；叶舌长约 2 mm；叶片线形或披针形，上面散生柔毛，边缘稍厚，微粗糙。总状花序 5～8 枚，呈指状排列于茎顶；小穗披针形，长 3～3.5 mm，孪生于穗轴之一侧；第一颖小，三角形；第二颖披针形，长约为小穗的 2/3，具 3 脉，脉间及边缘生柔毛。花药长 0.5～1 mm。花果期 5～10 月。

分　　布：产于河南各地，本区广泛分布。生于路旁、荒野、荒坡。

花序　　　　　　　　　　　　　　　　　小穗

叶鞘、叶舌　　　　　　　　　　　　　　植株

447. 马唐

学　　名：*Digitaria sanguinalis* (L.) Scop.

属　　名：马唐属 *Digitaria* Haller

形态特征：一年生草本。秆直立或下部倾斜，无毛或节生柔毛。叶鞘短于节间，无毛或散生疣基柔毛；叶舌长 1～3 mm；叶片线状披针形，边缘较厚，微粗糙，具柔毛或无毛。总状花序，呈指状着生于主轴上；穗轴两侧具宽翼，边缘粗糙；小穗椭圆状披针形，长 3～3.5 mm。花果期 6～9 月。

分　　布：产于河南各浅山丘陵及平原地区，本区广泛分布。生于路旁、田野。

花序　　　　　　　　　　　　小穗、小花

叶鞘、叶舌　　　　　　　　　　植株

448. 毛马唐

学　　名：*Digitaria ciliaris* var. *chrysoblephara* (Figari & De Notaris) R. R. Stewart

属　　名：马唐属 *Digitaria* Haller

形态特征：一年生草本。秆基部倾卧，着土后节易生根，具分枝。叶鞘多短于其节间，常具柔毛；叶舌膜质；叶片线状披针形，两面多少生柔毛，边缘微粗糙。总状花序 4～10 枚，呈指状排列于秆顶；穗轴两侧之绿色翼缘具细刺粗糙；小穗披针形，长 3～3.5 mm，孪生于穗轴一侧；小穗柄三棱形，粗糙。花果期 6～10 月。

分　　布：产于河南各地，本区广泛分布。生于路旁田野。

秆、叶、叶鞘　　　　　　　　秆、叶鞘　　　　　　　　花序

穗、小穗　　　　　　　　　　　　叶鞘、叶舌

449. 狗尾草

学　　名：*Setaria viridis* (L.) Beauv.

属　　名：狗尾草属 *Setaria* P. Beauv.

形态特征：一年生草本。根为须状，高大植株具支持根。秆直立或基部膝曲。叶鞘松弛，无毛或疏具柔毛或疣毛，边缘具较长的密绵毛状纤毛；叶舌极短，缘有长 1～2 mm 的纤毛；叶片扁平，长三角状狭披针形或线状披针形，通常无毛或疏被疣毛，边缘粗糙。圆锥花序紧密呈圆柱状或基部稍疏离，主轴被较长柔毛；小穗 2～5 个簇生于主轴上或更多的小穗着生在短小枝上，椭圆形，长 2～2.5 mm，铅绿色。花果期 5～10 月。

分　　布：产于河南各地，本区广泛分布。生于消落带、荒野、道旁。

花序　　　　　　　　群落　　　　　　　　植株

450. 大狗尾草

学　　名：*Setaria faberi* R. A. W. Herrmann

属　　名：狗尾草属 *Setaria* P. Beauv.

形态特征：一年生草本，通常具支柱根。秆粗壮而高大、直立或基部膝曲，高 50～120 cm，光滑无毛。叶鞘松弛，边缘具细纤毛，部分基部叶鞘边缘膜质无毛；叶舌具密集的长 1～2 mm 的纤毛；叶片线状披针形，边缘具细锯齿。圆锥花序紧缩呈圆柱状，通常垂头，主轴具较密长柔毛；小穗椭圆形，下托以 1～3 枚较粗而直的刚毛，刚毛通常绿色，少具浅褐紫色，粗糙。颖果椭圆形，顶端尖。花果期 7～10 月。

分　　布：产于河南各地，本区广泛分布。生于消落带、岸边草地及路旁。

花序　　　　　　　　植株

451. 金色狗尾草

学　　名：*Setaria pumila* (Poiret) Roemer & Schultes

属　　名：狗尾草属 *Setaria* P. Beauv.

形态特征：一年生草本。单生或丛生；叶鞘下部扁压具脊，上部圆形，光滑无毛；叶舌具一圈长约 1 mm 的纤毛，叶片线状披针形或狭披针形，上面粗糙，下面光滑，近基部疏生长柔毛。圆锥花序紧密呈圆柱状或狭圆锥状，长 3 ~ 17 cm，宽 4 ~ 8 mm（刚毛除外），先端尖，通常在一簇中仅具一个发育的小穗，第一颖长为小穗的 1/3，具 3 脉；第二颖长为小穗的 1/2，具 5 ~ 7 脉，第一小花雄性或中性。花果期 6 ~ 10 月。

分　　布：产于河南各浅山丘陵及平原地区，本区广泛分布。生于林边、山坡、路边和荒芜的园地及荒野。

小穗

复穗状花序

花期

植株

452. 狼尾草

学　　名：*Pennisetum alopecuroides* (L.) Spreng.

属　　名：狼尾草属 *Pennisetum* Rich.

形态特征：多年生草本。须根较粗壮。秆直立，丛生，高 30 ~ 120 cm，在花序下密生柔毛。叶鞘光滑，两侧压扁，主脉呈脊，在基部者跨生状，秆上部者长于节间；叶舌具长约 2.5 mm 纤毛；叶片线形，先端长渐尖，基部生疣毛。圆锥花序直立，长 5 ~ 25 cm，宽 1.5 ~ 3.5 cm；主轴密生柔毛；总梗长 2 ~ 3（–5）mm；刚毛粗糙，淡绿色或紫色；小穗通常单生，偶有双生，线状披针形。颖果长圆形，长约 3.5 mm。花果期夏秋季。

分　　布：河南各地均产，本区广泛分布，北园有大面积群落。生于消落带、湿地、岸边、山坡林下等。

功用价值：可作饲料，也是编织或造纸的原料，也常作为土法打油的油杷子，也可作固堤防沙植物。

果熟期

花序、雄蕊

小花 – 雌蕊

花序

植株

453. 芒

学　　名：*Miscanthus sinensis* Anderss.

属　　名：芒属 *Miscanthus* Anderss.

形态特征：多年生苇状草本。秆高 1～2 m，无毛或在花序以下疏生柔毛。叶鞘无毛，长于其节间；叶舌膜质，顶端及其后面具纤毛；叶片线形，下面疏生柔毛及被白粉，边缘粗糙。圆锥花序直立，主轴无毛，延伸至花序 2/3 以上，节与分枝腋间具柔毛；小穗披针形，长 4.5～5 mm，黄色有光泽，基盘具等长于小穗的白色或淡黄色丝状毛。颖果长圆形，暗紫色。花果期 7～12 月。

分　　布：产于河南各地，本区南园广泛分布。生于山地、丘陵和荒坡原野。

果实

秆、叶

花序

花序－果熟期

群丛

生境

植株

454. 五节芒

学　　名：*Miscanthus floridulus* (Lab.) Warb. ex Schum et Laut.

属　　名：芒属 *Miscanthus* Anderss.

形态特征：多年生草本。秆高大，无毛，节下具白粉，叶鞘无毛，鞘节具微毛；叶舌顶端具纤毛；叶片披针状线形，扁平，基部渐窄或呈圆形，顶端长渐尖，中脉粗壮隆起，两面无毛，或上面基部有柔毛，边缘粗糙。圆锥花序大型，稠密，主轴延伸达花序的 2/3 以上；分枝细弱，腋间生柔毛；小穗卵状披针形，长 3 ~ 3.5 mm，黄色，芒自齿间伸出。花果期 5 ~ 10 月。

分　　布：产于河南南部，本区广泛分布。生于撂荒地、山坡、消落带等。

花序

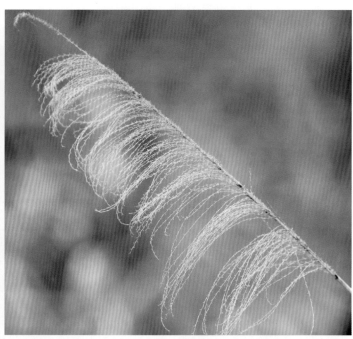

花序 - 成熟期

植株 - 冬季

群落

455. 白茅

学　　名：*Imperata cylindrica* (L.) Beauv.

属　　名：白茅属 *Imperata* Cyrillo

形态特征：多年生草本。具粗壮的长根状茎，秆具 1～3 节，节无毛。叶鞘聚集于秆基，甚长于其节间，质地较厚，老后破碎呈纤维状；叶舌膜质，紧贴其背部或鞘口具柔毛，分蘖叶片长约 20 cm，扁平，质地较薄；秆生叶片窄线形，通常内卷，被有白粉，基部上面具柔毛。圆锥花序稠密；两颖草质及边缘膜质，近相等，具 5～9 脉，顶端渐尖或稍钝，常具纤毛，脉间疏生长丝状毛。花果期 4～6 月。

分　　布：产于河南各地，本区广泛分布。生于山坡、路边、河岸草地。

功用价值：水土流失治理。

果实　　　　　　　　　　　　　　　　　　花序－花期

花序－果期　　　　　　　　　　　叶　　　　　　　　　　　植株

456. 斑茅

学　　名：*Saccharum arundinaceum* Retz.

属　　名：甘蔗属 *Saccharum* L.

形态特征：多年生草本。秆粗壮，无毛。叶鞘长于其节间，基部或上部边缘和鞘口具柔毛；叶舌膜质，顶端截平；叶片宽大，线状披针形，中脉粗壮，无毛，上面基部生柔毛，边缘锯齿状粗糙。圆锥花序大型，稠密，主轴无毛，每节着生 2 ~ 4 个分枝，分枝 2 ~ 3 回分出，腋间被微毛；无柄与有柄小穗狭披针形，长 3.5 ~ 4 mm，黄绿色或带紫色；两颖近等长，草质或稍厚。颖果长圆形，胚长为颖果之半。花果期 8 ~ 12 月。

分　　布：产于河南各地，本区广泛分布。生于山坡和消落带、河岸边。

功用价值：水土流失治理。

花期

花序

植株

457. 拟金茅　龙须草

学　　名：*Eulaliopsis binata* (Retz.) C. E. Hubb.

属　　名：拟金茅属 *Eulaliopsis* Honda

形态特征：多年生草本。秆平滑无毛，常在上部分枝，一侧具纵沟，具 3~5 节。叶鞘无毛但鞘口具细纤毛，基生的叶鞘密被白色绒毛以形成粗厚的基部；叶舌呈一圈短纤毛状，叶片狭线形，卷褶呈细针状，很少扁平，顶生叶片退化，锥形，无毛，上面及边缘稍粗糙。总状花序密被淡黄褐色的绒毛，基盘具乳黄色丝状柔毛；第一颖具 7~9 脉，中部以下密生乳黄色丝状柔毛；第二颖稍长于第一颖，具 5~9 脉，先端具小尖头，中部以下簇生长柔毛。花期 5~6 月。

花序 – 果期

分　　布：产于河南淅川、西峡和内乡，本区南园广泛分布。生于向阳的山坡草丛中。

功用价值：水土流失治理。

花序

植株

生境

458. 大牛鞭草

学　　名：*Hemarthria altissima* (Poir.) Stapf et C. E. Hubb.

属　　名：牛鞭草属 *Hemarthria* R. Br.

形态特征：多年生草本。具长而横走的根茎；秆一侧有槽。叶鞘边缘膜质，鞘口具纤毛；叶舌膜质，白色，上缘撕裂状；叶片线形，两面无毛。总状花序单生或簇生；无柄小穗卵状披针形，长 5~8 mm，第一颖革质，等长于小穗，具 7~9 脉，两侧具脊；第二颖厚纸质，贴生于总状花序轴凹穴中；第一小花仅存膜质外稃；第二小花两性，外稃膜质，长卵形，长约 4 mm；内稃薄膜质，长约为外稃的 2/3。花果期夏秋季。

分　　布：产于河南各浅山区及平原地区，本区广泛分布。生于消落带及河边湿地附近。

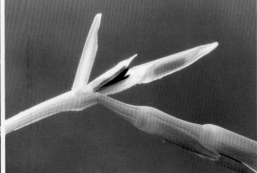

秆、节、穗、小穗　　　　　　　小穗　　　　　　　小穗、小花

花序　　　　　　　　　　植株

459. 荩草

学　　名：*Arthraxon hispidus* (Trin.) Makino

属　　名：荩草属 *Arthraxon* P. Beauv.

形态特征：一年生草本。秆无毛，基部倾斜，具多节，常分枝，基部节着地易生根。叶鞘生短硬疣毛；叶舌膜质，边缘具纤毛；叶片卵状披针形，基部抱茎，除下部边缘生疣基毛外余均无毛。总状花序 2 ~ 10 枚呈指状排列或簇生于秆顶。无柄小穗卵状披针形，呈两侧压扁，长 3 ~ 5 mm，灰绿色或带紫色。颖果长圆形，与稃体等长。花果期 9 ~ 11 月。

分　　布：产于河南各浅山区及平原地区，本区广泛分布。生于林下阴湿处。

花序、小花　　　　　　　　　小穗　　　　　　　　　　植株

叶、花序　　　　　　　　　　　　　　　　群丛

460. 白羊草

学　　名：*Bothriochloa ischaemum* (Linnaeus) Keng

属　　名：孔颖草属 *Bothriochloa* Kuntze

形态特征：多年生草本。秆丛生，直立或基部倾斜，节上无毛或具白色髯毛；叶鞘无毛，多密集于基部而相互跨覆，常短于节间；叶舌膜质，具纤毛；叶片线形，顶生者常缩短，两面疏生疣基柔毛或下面无毛。总状花序4至多数着生于秆顶呈指状，灰绿色或带紫褐色，总状花序轴节间与小穗柄两侧具白色丝状毛；无柄小穗长圆状披针形，基盘具髯毛。花果期秋季。

分　　布：产于河南各山区，本区广泛分布。生于石漠化丘陵、荒地及消落带上部区域。

功用价值：水土流失治理。

花序　　　　　　　　　　　基生叶　　　　　　　　　　　小穗

秆、叶　　　　　　　　　　　　植株

461. 橘草

学　　名：*Cymbopogon goeringii* (Steud.) A. Camus

属　　名：香茅属 *Cymbopogon* Spreng.

形态特征：多年生草本。秆直立丛生，节下被白粉或微毛。叶鞘无毛，下部者聚集秆基，质地较厚，内面棕红色，老后向外反卷，上部者均短于其节间；叶舌两侧有三角形耳状物并下延为叶鞘边缘的膜质部分，叶颈常被微毛；叶片线形，顶端长渐尖成丝状，边缘微粗糙，除基部下面被微毛外通常无毛。伪圆锥花序长 15 ~ 30 cm，狭窄，有间隔，具 1 ~ 2 回分枝；佛焰苞带紫色；总梗长 5 ~ 10 mm，上部生微毛。花果期 7 ~ 10 月。

分　　布：产于河南各山区，本区南园广泛分布。生于干旱山坡草地。

花序－果期　　　　　　　　花序　　　　　　　　小穗、小花

花序　　　　　　　　　　　植株

462. 黄茅

学　　名：*Heteropogon contortus* (L.) P. Beauv. ex Roem. et Schult.

属　　名：黄茅属 *Heteropogon* Pers.

形态特征：多年生草本。基部常膝曲，上部直立，光滑无毛。叶鞘压扁而具脊，鞘口常具柔毛；叶舌短，膜质，顶端具纤毛；叶片线形，扁平或对折，两面粗糙或表面基部疏生柔毛。总状花序单生，诸芒常于花序顶扭卷成1束；花序基部3~10对同性对；上部7~12对异性对；无柄小穗线形（成熟时圆柱形），两性，长6~8 mm，基盘尖锐，具棕褐色髯毛。花果期4~12月。

分　　布：产于大别山、桐柏山及伏牛山，本区南园广泛分布。生于山坡草地。

功用价值：本区域石漠化区域的优势物种。且可作为本区生态修复的优先选定物种。

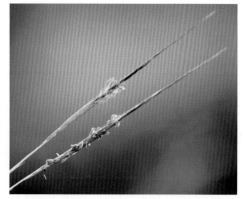

花序

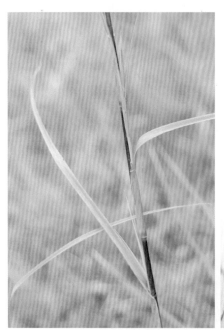

秆、叶　　　　　　果期　　　　　　花　　　　　　植株

463. 阿拉伯黄背草

学　　名：*Themeda triandra* Forssk.

属　　名：菅属 *Themeda* Forssk.

形态特征：多年生草本。分枝少。叶鞘压扁具脊，具瘤基柔毛；叶片线形，基部具瘤基毛。伪圆锥花序狭窄，长 20 ~ 30 cm，由具线形佛焰苞的总状花序组成，佛焰苞长约 3 cm；总状花序长约 1.5 cm，由 7 小穗组成，基部 2 对总苞状小穗着生在向一平面。有柄小穗雄性。花果期 6 ~ 9 月。

分　　布：产于河南各浅山丘陵地区，本区南园广泛分布。多生于干旱山坡。

功用价值：水土流失治理。可作屋顶建筑材料。为本区石漠化区域的优势物种。且可作为本区生态修复的优先选定物种。

花序

花序 – 果期

小穗　　　　　　　　　　秆、叶　　　　　　　　　　植株

九七、莎草科 Cyperaceae

464. 水葱

学　　名：*Schoenoplectus tabernaemontani* (C. C. Gmelin) Palla

属　　名：水葱属 *Schoenoplectus* (Rchb.) Palla

形态特征：匍匐根状茎粗壮，须根多数。秆圆柱状，最上部叶鞘具叶片。叶片线形，苞片 1 个，为秆的延长，直立，钻状，常短于花序，稀稍长于花序。长侧枝聚散花序简单或复出，假侧生，辐射枝 4～13 个或更多。小穗单生或 2～3 簇生辐射枝顶端，多花。鳞片椭圆形或宽卵形，先端稍凹，具短尖，膜质，棕色或紫褐色，背面有锈色小点突起，具 1 脉，边缘具缘毛。小坚果倒卵形或椭圆形，双凸状，稀棱形，长约 2 mm。花果期 6～9 月。

分　　布：产于河南各丘陵及平原地区，本区广泛分布且北园分布最多。生于消落带及水塘边、沼泽地等。

功用价值：水质净化，秆作蒲包材料。

花序　　　　　　　　　　　　　群丛

髓　　　　　　　　　　　　　植株

465. 三棱水葱

学　　名：*Schoenoplectus triqueter* (Linnaeus) Palla

属　　名：水葱属 *Schoenoplectus* (Rchb.) Palla

形态特征：匍匐根状茎长，干时呈红棕色。秆散生，粗壮，三棱形，基部具 2～3 个鞘，鞘膜质。叶片扁平。苞片 1 枚，为秆的延长，三棱形。简单长侧枝聚散花序假侧生，有 1～8 个辐射枝；小穗卵形或长圆形，密生许多花；鳞片长圆形、椭圆形或宽卵形，顶端微凹或圆形，膜质，黄棕色；几等长或稍长于小坚果，全长都生有倒刺。小坚果倒卵形，平凸状，成熟时褐色，具光泽。花果期 6～9 月。

分　　布：产于河南各丘陵及平原地区，本区广泛分布且北园分布最多。生于消落带及水塘边、沼泽地等。

功用价值：水质净化。优质纤维植物，秆可作蒲包的材料。

群丛

花序

小穗、花

植株

466. 水毛花

学　　名：*Schoenoplectus mucronatus* subsp. *robustus* (Miquel) T. Koyama

属　　名：水葱属 *Schoenoplectus* (Rchb.) Palla

形态特征：根状茎粗短，无匍匐根状茎，具细长须根。秆丛生，稍粗壮，锐三棱形。苞片 1 枚，为秆的延长；花序由 5 ~ 9 个小辐射枝排成头状；鳞片卵形或长圆状卵形，顶端急缩成短尖，近于革质，淡棕色，具红棕色短条纹，背面具 1 条脉；雄蕊 3 枚，花药线形；花柱长，柱头 3 个。小坚果倒卵形或宽倒卵形、扁三棱形，长 2 ~ 2.5 mm，成熟时暗棕色，具光泽，稍有皱纹。花果期 5 ~ 8 月。

分　　布：产于河南各地，本区广泛分布且北园分布最多。生于消落带及水塘边、沼泽地等。

功用价值：秆作为蒲包的材料。

花期　　　　　　　　　　植株

467. 萤蔺

学　　名：*Schoenoplectus juncoides* (Roxburgh) Palla

属　　名：水葱属 *Schoenoplectus* (Rchb.) Palla

形态特征：丛生，根状茎短，具许多须根。秆稍坚挺，圆柱状，平滑，基部具 2 ~ 3 个鞘。苞片 1 枚，为秆的延长，直立；小穗 3 ~ 15 个聚成头状，棕色或淡棕色，具多数花；鳞片宽卵形或卵形，顶端骤缩成短尖，近于纸质；雄蕊 3 枚，花药长圆形，药隔突出；花柱中等长，柱头 2 个，极少 3 个。小坚果宽倒卵形，或倒卵形，平凸状，稍皱缩，但无明显的横皱纹，成熟时黑褐色，具光泽。花果期 8 ~ 11 月。

分　　布：产于河南各丘陵及平原地区，本区北园少量分布。生于消落带、沼泽区及岸边湿润地带。

花序　　　　　　　髓　　　　　　　　植株

468. 具槽秆荸荠

学　　名：*Eleocharis valleculosa* Ohwi

属　　名：荸荠属 *Eleocharis* R. Br.

形态特征：有匍匐根状茎。秆多数或少数，单生或丛生，圆柱状，干后略扁，高 6～50 cm，直径 1～3 mm，有少数锐肋条。叶阙如，在秆的基部有 1～2 个长叶鞘，鞘膜质，鞘的下部紫红色，鞘口平。小穗长圆状卵形或线状披针形，少有椭圆形和长圆形，后期为麦秆黄色，有多数或极多数密生的两性花；柱头 2 个。小坚果圆倒卵形，双凸状，长 1 mm，宽大致相同，淡黄色；花柱基为宽卵形，海绵质。花果期 6～8 月。

分　　布：产于河南各地，本区广泛分布。生于消落带及沼泽区域。

根　　　　　　　　　　　髓

花序　　　　　　　　　球茎　　　　　　　　　植株

469. 牛毛毡

学　　名： *Eleocharis yokoscensis* (Franchet & Savatier) Tang & F. T. Wang

属　　名： 荸荠属 *Eleocharis* R. Br.

形态特征： 多年生草本。具极纤细的匍匐根状茎。秆纤细如毛发状，密丛生如牛毛毡，高 2～12 cm。叶鳞片状，具微红色的膜质管状叶鞘。小穗卵形，淡紫色；鳞片全部有花，膜质，下部鳞片近二列，基部的一枚鳞片矩圆形，顶端钝，背部有 3 条脉，中间淡绿色，两侧微紫色，抱小穗基部一周，其余鳞片卵形，顶端急尖，有 1 条脉，中间绿色，两侧紫色；柱头 3 个。小坚果狭矩圆形，无棱。

分　　布： 产于河南各地，本区广泛分布。生于消落带区域。

花序

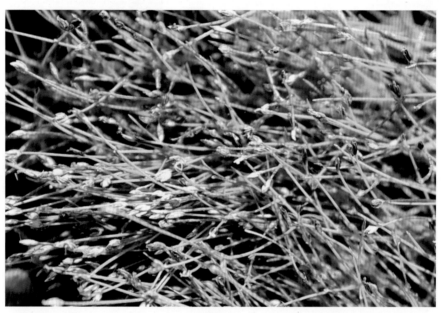

群丛

植株

470. 两歧飘拂草

学　　名：*Fimbristylis dichotoma* (L.) Vahl

属　　名：飘拂草属 *Fimbristylis* Vahl

形态特征：秆丛生，无毛或被疏柔毛。叶线形，略短于秆或与秆等长；鞘革质，上端近于截形，膜质部分较宽而呈浅棕色。苞片 3～4 枚，叶状，通常有 1～2 枚长于花序；长侧枝聚散花序复出；小穗单生于辐射枝顶端，具多数花；鳞片卵形、长圆状卵形或长圆形，褐色，有光泽。小坚果宽倒卵形，双凸状，网纹近似横长圆形，无疣状突起，具褐色的柄。花果期 7～10 月。

分　　布：产于河南各地，本区广泛分布。生于消落带及湿润地带。

花序　　　　　　　　　　秆、根　　　　　　　　　　植株

471. 水虱草

学　　名：*Fimbristylis littoralis* Grandich

属　　名：飘拂草属 *Fimbristylis* Vahl

形态特征：无根状茎。秆丛生，扁四棱形，具纵槽，基部包着 1～3 个无叶片的鞘；鞘侧扁，鞘口斜裂。叶侧扁，套褶，剑状，边上有稀疏细齿，向顶端渐狭成刚毛状；鞘侧扁，背面呈锐龙骨状，前面具膜质、锈色的边，鞘口斜裂，无叶舌。长侧枝聚散花序复出或多次复出，有许多小穗；小穗单生于辐射枝顶端，球形或近球形，顶端极钝；鳞片膜质，栗色，具白色狭边，背面具龙骨状突起。小坚果倒卵形或宽倒卵形，钝三棱形，麦秆黄色，具疣状突起和横长圆形网纹。

分　　布：产于河南各丘陵及平原地区，本区广泛分布。生于消落带及潮湿地带。

花序　　　　　　　根、基生叶、秆鞘　　　　　　　　植株

472. 香附子

学　　名：*Cyperus rotundus* L.

属　　名：莎草属 *Cyperus* L.

形态特征：匍匐根状茎长，具椭圆形块茎。秆稍细弱，锐三棱形，平滑，基部呈块茎状。叶较多，短于秆，平张；鞘棕色，常裂成纤维状。叶状苞片 2～3（～5）枚；长侧枝聚散花序简单或复出，具（2～）3～10 个辐射枝；辐射枝最长达 12 cm；穗状花序轮廓为陀螺形，稍疏松，具 3～10 个小穗；小穗斜展开，线形；小穗轴具较宽的、白色透明的翅；鳞片稍密地复瓦状排列，中间绿色，两侧紫红色或红棕色。小坚果长圆状倒卵形，三棱形，长为鳞片的 1/3～2/5，具细点。花果期 5～11 月。

分　　布：产于河南各地，本区广泛分布。生长于山坡荒地草丛中或水边潮湿处。

功用价值：其块茎名为香附子，可供药用。

块茎、根

花序

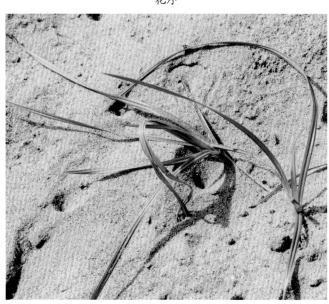

基生叶

植株

473. 异型莎草

学　　名：*Cyperus difformis* L.

属　　名：莎草属 *Cyperus* L.

形态特征：一年生草本，根为须根。秆丛生，稍粗或细弱，高 2～65 cm，扁三棱形，平滑。叶短于秆，平张或折合；叶鞘稍长，褐色。苞片 2 枚，少 3 枚，叶状，长于花序；长侧枝聚散花序，少数为复出，具 3～9 个辐射枝；头状花序球形，具极多数小穗；小穗密聚，披针形或线形；小穗轴无翅；鳞片排列稍松，膜质，近于扁圆形，具 3 条不很明显的脉。小坚果倒卵状椭圆形，三棱形，几与鳞片等长，淡黄色。花果期 7～10 月。

分　　布：产于河南各地，本区广泛分布。常生于消落带及河流入河口附近。

花序

花序－果期

植株

474. 头状穗莎草

学　名：*Cyperus glomeratus* L.

属　名：莎草属 *Cyperus* L.

形态特征：一年生草本，具须根。秆散生，粗壮，高 50～95 cm，钝三棱形，平滑，基部稍膨大，具少数叶。叶短于秆，边缘不粗糙；叶鞘长，红棕色。叶状苞片 3～4 枚，较花序长，边缘粗糙；复出长侧枝聚散花序具 3～8 个辐射枝，辐射枝长短不等，最长达 12 cm；穗状花序无总花梗，近于圆形、椭圆形或长圆形，具极多数小穗；小穗轴具白色透明的翅。小坚果长圆形，三棱形，长为鳞片的 1/2，灰色，具明显的网纹。花果期 6～10 月。

分　布：产于河南各地，本区广泛分布。多生于水边沙土或路旁阴湿的草丛中。

花序　　　　　　　　　　　　　植株

植株－果熟期　　　　　　　　　植株－花期

475. 碎米莎草

学　　名：*Cyperus iria* L.

属　　名：莎草属 *Cyperus* L.

形态特征：一年生草本，无根状茎，具须根。秆丛生，细弱或稍粗壮，高 8～85 cm，扁三棱形，基部具少数叶，叶短于秆，叶鞘红棕色或棕紫色。叶状苞片 3～5 枚，下面的 2～3 枚常较花序长；长侧枝聚散花序复出，很少为简单的，具 4～9 个辐射枝，每个辐射枝具 5～10 个穗状花序；穗状花序卵形或长圆状卵形；小穗排列松散，斜展开，长圆形、披针形或线状披针形，压扁；小穗轴上近于无翅。小坚果倒卵形或椭圆形。花果期 6～10 月。

分　　布：产于河南各地，本区广泛分布。为一种常见的杂草，生于消落带、山坡、林下、路旁阴湿处等。

花序　　　　　　　　小穗　　　　　　　　　　　植株

476. 具芒碎米莎草

学　　名：*Cyperus microiria* Steud.

属　　名：莎草属 *Cyperus* L.

形态特征：一年生草本，具须根。秆丛生，高 20～50 cm，稍细，锐三棱形，平滑，基部具叶。叶短于秆，平张；叶鞘红棕色，表面稍带白色。叶状苞片 3～4 枚，长于花序；长侧枝聚伞花序复出或多次复出，稍密或疏展，具 5～7 个辐射枝；穗状花序卵形或宽卵形或近于三角形；小穗排列稍稀，斜展，线形或线状披针形；小穗轴直，具白色透明的狭边。小坚果倒卵形，三棱形，几与鳞片等长，深褐色，具密的微突起细点。花果期 8～10 月。

分　　布：产于河南各地，本区广泛分布。生于消落带及其他湿润地区。

花序　　　　　　　　　植株　　　　　　　　　花序－局部

477. 旋鳞莎草

学　　名：*Cyperus michelianus* (L.) Link

属　　名：莎草属 *Cyperus* L.

形态特征：一年生草本，具许多须根。秆密丛生，高 2 ~ 25 cm，扁三棱形，平滑。叶长于或短于秆，平张或有时对折；基部叶鞘紫红色。苞片 3 ~ 6 枚，叶状，基部宽，较花序长很多；长侧枝聚散花序呈头状，卵形或球形，具极多数密集的小穗；小穗卵形或披针形；鳞片螺旋状排列，膜质，长圆状披针形。小坚果狭长圆形，三棱形，长为鳞片的 1/3 ~ 1/2，表面包有一层白色透明疏松的细胞。花果期 6 ~ 9 月。

分　　布：产于河南各地，本区广泛分布。生于消落带区域。

花序

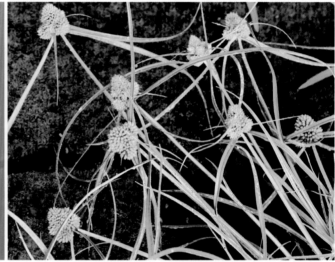

秆、叶、花序

植株

植株

478. 褐穗莎草

学　　名：*Cyperus fuscus* L.

属　　名：莎草属 *Cyperus* L.

形态特征：一年生草本，具须根。秆丛生，细弱，高 6～30 cm，扁锐三棱形，平滑，基部具少数叶。叶短于秆或有时几与秆等长，宽 2～4 mm，平张或有时向内折合，边缘不粗糙。苞片 2～3 枚，叶状，长于花序；长侧枝聚散花序复出或有时为简单，具 3～5 个第一次辐射枝，辐射枝最长达 3 cm；小穗五至十几个密聚成近头状花序，线状披针形或线形，长 3～6 mm，宽约 1.5 mm，稍扁平，具 8～24 朵花；小穗轴无翅；鳞片覆瓦状排列，膜质，宽卵形，顶端钝，长约 1 mm，背面中间较宽的一条为黄绿色，两侧深紫褐色或褐色，具 3 条不十分明显的脉；雄蕊 2 枚，花药短，椭圆形，药隔不突出于花药顶端；花柱短，柱头 3 个。小坚果椭圆形，三棱形，长约为鳞片的 2/3，淡黄色。花果期 7～10 月。

分　　布：河南各地均产，本区广泛分布。生于田间、路旁、消落带等。

小穗

花序

秆、叶

植株

479. 球穗扁莎

学　　名：*Pycreus flavidus* (Retzius) T. Koyama

属　　名：扁莎属 *Pycreus* P. Beauv.

形态特征：根状茎短，具须根。秆丛生，细弱，钝三棱形，一面具沟，平滑。叶少，短于秆，折合或平张；叶鞘长，下部红棕色。苞片2～4枚，细长，较长于花序；简单长侧枝聚散花序具1～6个辐射枝，辐射枝长短不等，有时极短缩成头状；每一辐射枝具2～20个小穗；小穗密聚于辐射枝上端呈球形，辐射展开，线状长圆形或线形，极压扁；小穗轴近四棱形，两侧有具横隔的槽。小坚果倒卵形，顶端有短尖，双凸状，稍扁。花果期6～11月。

小穗、小花

分　　布：产于大别山、太行山、桐柏山及伏牛山区，本区广泛分布。主要生于消落带区域的沙土上。

花序

花序、小穗

小穗、小花

植株

480. 红鳞扁莎

学　　名：*Pycreus sanguinolentus* (Vahl) Nees

属　　名：扁莎属 *Pycreus* P. Beauv.

形态特征：根为须根。秆密丛生，扁三棱形，平滑。叶稍多，常短于秆，少有长于秆，平张，边缘具白色透明的细刺。苞片 3～4 枚，叶状，近于平向展开，长于花序；简单长侧枝聚散花序具 3～5 个辐射枝；辐射枝有时极短，因而花序近似头状，由 4～12 个或更多的小穗密聚成短的穗状花序；小穗辐射展开；小穗轴直，四棱形，无翅。小坚果圆倒卵形或长圆状倒卵形，双凸状，稍肿胀，长为鳞片的 1/2～3/5，成熟时黑色。花果期 7～12 月。

分　　布：产于河南各地，本区广泛分布。主要生于消落带等湿润地区。

小穗、小花

花序

花序

花序

植株

481. 无刺鳞水蜈蚣

学　　名：*Kyllinga brevifolia* var. *leiolepis* (Franch. et Savat.) Hara

属　　名：水蜈蚣属 *Kyllinga* Rottb.

形态特征：多年生草本。根状茎长，被褐色鳞片。秆成列散生，细弱，高 7 ~ 20 cm，扁三棱形，基部具 4 ~ 5 个叶鞘，上面 2 ~ 3 个叶鞘顶端具叶片。叶宽 2 ~ 4 mm。叶状苞片 3 枚，后期反折；穗状花序单一，近球形；小穗较宽，稍肿胀，有 1 朵花；鳞片背面的龙骨状突起上无刺，顶端无短尖或具直的短尖。小坚果倒卵状矩圆形，扁双凸状，长为鳞片的 1/2，具密细点。花果期 5 ~ 10 月。

分　　布：产于河南各地，本区广泛分布。主要生于消落带及岸边草丛。

花序 - 花期

小穗

植株

482. 青绿薹草

学　　名：*Carex breviculmis* R. Br.

属　　名：薹草属 *Carex* L.

形态特征： 根状茎短。秆丛生，纤细，三棱形，上部稍粗糙，基部叶鞘淡褐色，撕裂成纤维状。叶短于秆，平张，边缘粗糙，质硬。小穗 2 ~ 5 个。雄花鳞片倒卵状长圆形，顶端渐尖，具短尖，膜质，黄白色，背面中间绿色；雌花鳞片长圆形、倒卵状长圆形，先端截形或圆形，膜质，苍白色，背面中间绿色，具 3 条脉，向顶端延伸成长芒。果囊近等长于鳞片，膜质，淡绿色。花果期 3 ~ 6 月。

分　　布： 产于河南各山区，本区南园广泛分布。多生于山地、丘陵及岸边湿润地带。

雌花序　　　　　　　　　　　　　　　　　　花序

雄花序　　　　　　　　　　　　　　　　　　植株

483. 二形鳞薹草

学　　名：*Carex dimorpholepis* Steud.

属　　名：薹草属 *Carex* L.

形态特征：根状茎短。秆丛生，高 35～80 cm，锐三棱形，上部粗糙，基部具红褐色至黑褐色无叶片的叶鞘。叶短于或等长于秆，平张，边缘稍反卷。苞片下部的 2 枚叶状，长于花序，上部的刚毛状。小穗 5～6 个，接近，顶端小穗雌雄顺序；侧生小穗雌性，上部 3 个其基部具雄花，圆柱形；小穗柄纤细，向上渐短，下垂。雌花鳞片倒卵状长圆形，顶端微凹或截平，具粗糙长芒，中间 3 条脉淡绿色，两侧白色膜质，疏生锈色点线。果囊长于鳞片，椭圆形或椭圆状披针形。花果期 4～6 月。

雌花序

分　　布：产于大别山、太行山、桐柏山及伏牛山区，本区南园广泛分布。生于岸边、路边及草地潮湿处。

小穗、鳞片

总花序

雄花序

植株

484. 白颖薹草

学　　名：*Carex duriuscula* subsp. *rigescens* (Franch) S. Y. Liang et Y. C. Tang

属　　名：薹草属 *Carex* L.

形态特征：根状茎细长、匍匐。秆高 5 ~ 20 cm，纤细，平滑，基部叶鞘灰褐色，细裂成纤维状。叶短于秆，叶片平张。苞片鳞片状。穗状花序卵形或球形；小穗 3 ~ 6 个，卵形，密生，具少数花。雌花鳞片宽卵形或椭圆形，具宽的白色膜质边缘。果囊稍长于鳞片，宽椭圆形或宽卵形，平凸状，革质，锈色或黄褐色，基部近圆形，有海绵状组织，顶端急缩成短喙。小坚果稍疏松地包于果囊中，近圆形或宽椭圆形。花果期 4 ~ 6 月。

分　　布：产于河南各山区，本区广泛分布。生于岸边、山坡、路边或消落带上部湿地。

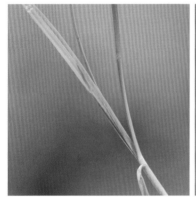
秆、叶

根、秆、叶

雄花

雄花序

花序－果期

485. 翼果薹草

学　名：*Carex neurocarpa* Maxim.

属　名：薹草属 *Carex* L.

形态特征：根状茎短，木质。秆丛生，全株密生锈色点线，粗壮，平滑，基部叶鞘无叶片，淡黄锈色。叶短于或长于秆，平张，边缘粗糙，基部具鞘，鞘腹面膜质，锈色。小穗多数，雄雌顺序，卵形；穗状花序紧密，呈尖塔状圆柱形。雄花鳞片长圆形，锈黄色；雌花鳞片卵形至长圆状椭圆形，基部近圆形，锈黄色。果囊长于鳞片，卵形或宽卵形，稍扁，膜质，基部近圆形，里面具海绵状组织，有短柄，顶端急缩成喙，喙口2齿裂。小坚果疏松地包于果囊中，卵形或椭圆形。花果期6~8月。

分　布：产于河南各山区，本区广泛分布。生于消落带或岸边草丛中。

功用价值：水质净化。

果期

花序

植株

486. 藏薹草

学　　名：*Carex thibetica* Franch.

属　　名：薹草属 *Carex* L.

形态特征：根状茎粗壮，木质，坚硬。秆侧生，钝三棱形，平滑，叶鞘无叶片，褐色。叶长于秆，上部边缘粗糙，先端渐窄，淡绿色，革质；苞片短叶状，短于小穗，具长鞘。小穗 4～6 个，顶生 1 个雄性；侧生小穗雄雌顺序。雌花鳞片卵状披针形，淡黄带锈色，3 条脉绿色，具芒尖。果囊长于鳞片，倒卵形，近膨胀三棱状，长 5～6 mm（连喙），无毛或疏被短硬毛，多脉。小坚果紧包果囊中，三棱状倒卵形。花果期 4～5 月。

分　　布：产于河南伏牛山南部，本区南园少量分布。主要生于山谷湿地或阴湿石隙中。

小穗、鳞片　　　　　　雄花序

雌花序　　　　　　　　　植株

487. 舌叶薹草

学　　名： *Carex ligulata* Nees ex Wight

属　　名： 薹草属 *Carex* L.

形态特征： 根状茎粗短，木质，无地下匍匐茎，具较多须根。秆疏丛生，高 35～70 cm，三棱形，较粗壮，上部棱上粗糙，基部包以红褐色无叶片的鞘。上部叶长于秆，下部的叶片短，质较柔软，背面具明显的小横隔脉，具明显锈色的叶舌，叶鞘较长。苞片叶状，长于花序。小穗 6～8 个；雌花鳞片卵形或宽卵形，膜质，淡褐黄色，具锈色短条纹，无毛，中间具绿色中脉。果囊近直立，绿褐色，具锈色短条纹，密被白色短硬毛，具两条明显的侧脉，基部渐狭呈楔形，顶端急狭成中等长的喙，喙口具两短齿。花果期 5～7 月。

分　　布： 产于大别山、桐柏山及伏牛山区，本区南园少量分布。生于山坡林下、山谷沟边或河边消落带。

雌花序　　　　　　　秆、叶　　　　　　　果期　　　　　　　花序

小穗、鳞片　　　　　　　　　　植株

九八、天南星科 Araceae

488. 半夏

学　　名：*Pinellia ternata* (Thunb.) Breit.

属　　名：半夏属 *Pinellia* Ten.

形态特征：块茎圆球形，直径 1～2 cm，具须根。叶 2～5 枚，有时 1 枚。叶柄基部具鞘，鞘内、鞘部以上或叶片基部（叶柄顶头）有直径 3～5 mm 的珠芽，珠芽在母株上萌发或落地后萌发；老株叶片 3 全裂，裂片绿色。花序柄长于叶柄。佛焰苞绿色或绿白色，管部狭圆柱形；檐部长圆形，绿色，有时边缘青紫色。肉穗花序；附属器绿色变青紫色，直立，有时"S"形弯曲。浆果卵圆形，黄绿色。花期 5～7 月，果 8 月成熟。

分　　布：产于河南各山区，本区广泛分布。生于山坡、岸边、农田等区域。

功用价值：块茎入药，有毒。

佛焰花序　　　　　球茎

叶　　　　　珠芽　　　　　植株

489.灯台莲

学　　名：*Arisaema bockii* Engler

属　　名：天南星属 *Arisaema* Mart.

形态特征：块茎扁球形。鳞叶2。叶2枚；叶鸟足状5~7裂，裂片卵形、卵状长圆形或长圆形，全缘或具锯齿；叶柄下部1/2鞘筒状，鞘筒上缘几平截。花序梗略短于叶柄或几等长；佛焰苞淡绿色或暗紫色，具淡紫色条纹；雄肉穗花序圆柱形，花疏，雄花近无梗；雌花序近圆锥形，花密，雌花子房卵圆形，柱头圆；附属器具细柄，直立，上部棒状或近球形。果序长5~6 cm，圆锥状。浆果黄色，长圆锥状。种子1~2（3）枚，卵圆形，光滑。花期5月，果期8~9月。

分　　布：产于大别山、桐柏山及伏牛山，本区南园少量分布。生于山坡林下阴湿处。

功用价值：有毒。

果实　　　　　　　　佛焰花序

植株

九九、菖蒲科 Acoraceae

490. 菖蒲

学　　名：*Acorus calamus* L.

属　　名：香蒲属 *Acorus* L.

形态特征：多年生草本。根茎横走，稍扁，分枝，外皮黄褐色，芳香，肉质根多数，具毛发状须根。叶基生。叶片剑状线形，基部宽、对褶，中部以上渐狭，草质、绿色，光亮；中肋在两面均明显隆起，平行，纤弱，大都伸延至叶尖。花序柄三棱形；叶状佛焰苞剑状线形；肉穗花序斜向上或近直立，狭锥状圆柱形。花黄绿色；子房长圆柱形。浆果长圆形，红色。花期 6～9 月。

分　　布：产于河南各地，本区北园少量分布。生于水边、沼泽湿地或湖泊浮岛上，也常有栽培。

功用价值：可作药用，也是优秀的水生景观植物。

群落、生境

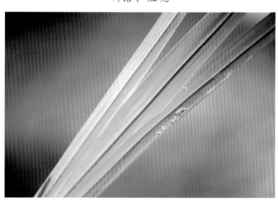

叶

根状茎、根

植株

一〇〇、浮萍科 Lemnaceae

491. 浮萍

学　　名：*Lemna minor* L.

属　　名：浮萍属 *Lemna* L.

形态特征：漂浮植物。叶状体对称，正面绿色，背面浅黄色或绿白色或常为紫色，近圆形、倒卵形或倒卵状椭圆形，全缘，上面稍凸起或沿中线隆起，脉 3 条，不明显，背面垂生丝状根 1 条，根白色，长 3 ~ 4 cm，根冠钝头，根鞘无翅。叶状体背面一侧具囊，新叶状体于囊内形成浮出，以极短的细柄与母体相连，随后脱落。雌花具弯生胚珠 1 枚；果实无翅，近陀螺状；种子具凸出的胚乳并具 12 ~ 15 条纵肋。

植株腹面

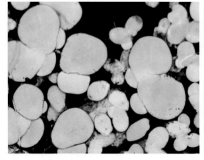

分　　布：产于河南各地，本区广泛分布，其中北园部分区域有大面积群落。生于河流入库口区域或水塘中。

功用价值：水质指示。为良好的猪、鸭饲料，也是草鱼的饵料。全草药用。

植株　　　　　　群落、生境

492. 紫萍

学　　名：*Spirodela polyrhiza* (Linnaeus) Schleid.

属　　名：紫萍属 *Spirodela* Schleid.

形态特征：细小草本，漂浮水面；根 5 ~ 11 条束生，纤维状，在根的着生处一侧产新芽，新芽与母体分离之前由一细弱的柄相连接。叶状体扁平，倒卵状圆形，1 枚或 2 ~ 5 枚簇生，上面稍向内凹，深绿色，下面呈紫色，具掌状脉 5 ~ 11 条。花单性，雌雄同株，生于叶状体边缘的缺刻内，佛焰苞袋状，内有 1 朵雌花及 2 朵雄花；雄花：花药 2 室，花丝纤细；雌花：子房 1 室，具 2 枚直立胚珠，花柱短。果实圆形，边缘有翅。

植株腹面

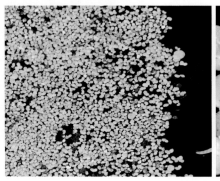

分　　布：产于河南各地，本区广泛分布，其中北园部分区域有大面积群落。生于河流入库口区域或水塘中。

功用价值：水质指示。全草供药用；也是良好的猪、鸭饲料和稻田肥料。

群落　　　　　　植株

一○一、鸭跖草科 Commelinaceae

493. 竹叶子

学　　名：*Streptolirion volubile* Edgew.

属　　名：竹叶子属 *Streptolirion* Edgew.

形态特征：缠绕草本。茎长 1~6 m，常无毛。叶有长柄，叶片心形，顶端尾尖，上面多少被柔毛。蝎尾状聚伞花序常数个，生于穿鞘而出的侧枝上，有花 1 朵至数朵；总苞片下部的叶状，长 2~6 cm，上部的小，卵状披针形；花序下部的花两性，花序上部的花常为雄花；花无梗；萼片舟状，顶端急尖，长 3~5 mm；花瓣白色，条形，略比萼长；花丝密被绵毛。蒴果卵状三棱形，长约 4 mm，顶端有长达 3 mm 的芒状突尖。

分　　布：产于河南各山区，本区少量分布，主要分布于北园。生于消落带区域。

花　　　　　　　　　　花序　　　　　　　　　　茎、叶

果期

叶、花　　　　　　　　　　　　　　植株

494. 水竹叶

学　　名：*Murdannia triquetra* (Wall. ex C. B. Clarke) Bruckn.

属　　名：水竹叶属 *Murdannia* Royle

形态特征：多年生草本，具长而横走根状茎。根状茎具叶鞘，节上具细长须状根。茎肉质，下部匍匐，节上生根，上部上升，通常多分枝，密生一列白色硬毛，这一列毛与下一个叶鞘的一列毛相连接。叶无柄；叶片竹叶形，平展或稍折叠。花序通常仅有单朵花，顶生并兼腋生；萼片绿色；花瓣粉红色、紫红色或蓝紫色，倒卵圆形，稍长于萼片。蒴果卵圆状三棱形。花期 7~9 月，果期 8~10 月。

分　　布：产于大别山、桐柏山及伏牛山区，本区北园少量分布。生于消落带及河流入库口湿地处。

功用价值：本种是南方相当普遍的稻田杂草，生长迅速、全年生长。蛋白质含量颇高，可用作饲料，幼嫩茎叶可供食用，全草有清热解毒、利尿消肿之效，亦可治蛇虫咬伤，全草入药。

花侧面　　　　　　　　　花正面　　　　　　　　　茎、花序

茎、叶　　　　　　　　　　　　　　植株

495. 鸭跖草

学　　名：*Commelina communis* L.

属　　名：鸭跖草属 *Commelina* L.

形态特征：一年生披散草本。茎匍匐生根，多分枝，下部无毛，上部被短毛。叶披针形至卵状披针形。总苞片佛焰苞状，与叶对生，折叠状，展开后为心形，顶端短急尖，基部心形，边缘常有硬毛；聚伞花序，下面一枝仅有花1朵；上面一枝具花3~4朵，具短梗，几乎不伸出佛焰苞。花瓣深蓝色；内面2枚具爪。蒴果椭圆形。花期7~9月，果熟期8~10月。

果实

分　　布：产于河南各山区，本区广泛分布。生于山坡、林下、消落带等潮湿地带。

功用价值：全草入药。

花侧面

花正面

植株

496. 饭包草

学　　名：*Commelina benghalensis* Linnaeus

属　　名：鸭跖草属 *Commelina* L.

形态特征：多年生匍匐草本。茎披散，多分枝，长可达 70 cm，被疏柔毛。叶鞘有疏而长的睫毛，叶有明显的叶柄，叶片卵形，近无毛。总苞片佛焰苞状，柄极短，与叶对生，常数个集于枝顶，下部边缘合生而成扁的漏斗状；聚伞花序有花数朵，几不伸出；花萼膜质，花瓣蓝色，具长爪，长 4~5 mm；雄蕊 6 枚，3 枚能育。蒴果椭圆形，有种子 5 枚；种子多皱，长近 2 mm。花期 6~10 月。

分　　布：产于河南各山区，本区广泛分布。生于消落带及林下阴湿处。

功用价值：全草药用。

花

茎、叶、花

植株

茎、叶、花侧面

一〇二、灯心草科 Juncaceae

497. 灯心草

学　　名：*Juncus effusus* L.

属　　名：灯心草属 *Juncus* L.

形态特征：多年生草本，有时更高。根状茎粗壮横走，具黄褐色稍粗须根。茎丛生，直立，圆柱形，淡绿色，具纵条纹，直径 1.5 ~ 4 mm，茎内充满白色的髓心。叶全部为低出叶，呈鞘状或鳞片状，包围在茎的基部；叶片退化为刺芒状。聚伞花序假侧生，含多花，排列紧密或疏散；花被片线状披针形，黄绿色，边缘膜质，外轮者稍长于内轮。蒴果长圆形或卵形。花期 4 ~ 7 月，果期 6 ~ 9 月。

分　　布：产于伏牛山南部、大别山及桐柏山，本区广泛分布。生于消落带、河流入河口及支流河边湿地。

功用价值：茎内白色髓心除供点灯和烛心用外，可入药；茎皮纤维可作编织和造纸原料。

果期　　　　　　　　　　　　　　　花序　　　　　　　　　　　　　　髓

植株

498. 野灯心草

学　　名：*Juncus setchuensis* Buchen. ex Diels

属　　名：灯心草属 *Juncus* L.

形态特征：多年生草本，高 25 ~ 65 cm。根状茎短而横走，须根黄褐色。茎丛生，直立，圆柱形，有深沟，髓白色。叶全为低出叶，鞘状，包茎基部红褐色至棕褐色；叶片刺芒状。聚伞花序假侧生，具多花；苞片生于茎顶，圆柱形，直立。花淡绿色，花被片卵状披针形，内、外轮近等长，边缘宽膜质。蒴果卵形，长于花被片，黄褐色至棕褐色。种子斜倒卵形。花期 5 ~ 7 月，果期 6 ~ 9 月。

分　　布：产于伏牛山、大别山及桐柏山，本区广泛分布。生于山沟、林下阴湿地及消落带等湿地。

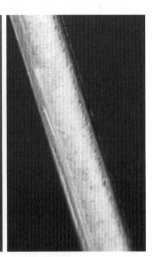

秆　　　　　　　　　　　花序　　　　　　　　　　　髓

果实　　　　　　　　　　　　　　植株

一〇三、百合科 Liliaceae

499. 天门冬

学　　名：*Asparagus cochinchinensis* (Lour.) Merr.

属　　名：天门冬属 *Asparagus* L.

形态特征：攀缘植物。根中部或近末端成纺锤状，膨大部分长 3~5 cm，直径 1~2 cm。茎平滑，常弯曲或扭曲，分枝具棱或窄翅。叶状枝常 3 成簇，扁平或中脉龙骨状微呈锐三棱形，稍镰状；茎鳞叶基部延伸为硬刺，分枝刺较短或不明显。花常 2 朵腋生，淡绿色。花梗长 2~6 mm，关节生于中部。浆果直径 6~7 mm，成熟时红色，具 1 枚种子。花期 5~6 月，果期 8~10 月。

分　　布：产于河南各山区，本区南园少量分布。生于山坡、路边、疏林下、山谷或荒地。

功用价值：块根入药。

果实

茎、枝

植株

500. 绵枣儿

学　　名：*Barnardia japonica* (Thunberg) Schultes & J. H. Schultes

属　　名：绵枣儿属 *Barnardia* Lindl.

形态特征：多年生植物。鳞茎卵球形到球状；鳞茎皮微黑的棕色。叶通常4或5枚，柔软，平滑。花莛长于叶。总状花序，浓密多花；苞片狭披针形。花梗5~12 mm。花被片紫色、粉红色或白色，倒卵形、椭圆形，或者狭椭圆形，基部稍合生而成盘状。雄蕊2~3.5 mm；近披针形的花丝，乳头状微柔毛或无毛。花柱1~1.3 mm。蒴果近倒卵形。花果期7~11月。

分　　布：产于河南各山区，本区南园大量分布。主要生于山坡及岸边林下。

功用价值：地下茎富含淀粉，可食。可入药。

花

果期

鳞茎、根

花序

果实

植株

501. 萱草

学　　名：*Hemerocallis fulva* (L.) L.

属　　名：萱草属 *Hemerocallis* L.

形态特征：多年生草本，具短的根状茎和肉质、肥大的纺锤状块根。叶基生，排成两列，条形，下面呈龙骨状突起。花莛粗壮，蝎壳状聚伞花序复组成圆锥状；苞片卵状披针形；花橘红色，无香味，具短花梗；花被长 7~12 cm，下部 2~3 cm 合生成花被筒；外轮花被裂片 3，矩圆状披针形，具平行脉，内轮裂片 3，矩圆形，具分枝的脉，中部具褐红色的色带，边缘波状皱褶；盛开时裂片反曲。花果期 5~7 月。

分　　布：原生分布自欧洲南部经亚洲北部直到日本，在美洲有栽培；在我国广泛栽培，也有野生的，产于河南各地，本区少量分布。生于林下及路旁，部分为栽培。

功用价值：花可食用，根作药用，也是优秀的观赏性宿根草本花卉。

花　　　　　　　　　　　　花序

果实　　　　　　果皮、种子

块根　　　　　　　　　　植株

502. 薤白

学　　名：*Allium macrostemon* Bunge

属　　名：葱属 *Allium* L.

形态特征：鳞茎近球状，基部常具小鳞茎。鳞茎外皮带黑色，纸质或膜质，不破裂。叶3~5枚，半圆柱状，或因背部纵棱发达而为三棱状半圆柱形，中空，上面具沟槽，比花葶短。花葶圆柱状；总苞2裂，比花序短；伞形花序半球状至球状，具多而密集的花，或间具珠芽或有时全为珠芽；花淡紫色或淡红色；花被片矩圆状卵形至矩圆状披针形，内轮的常较狭。花果期5~7月。

分　　布：产于河南各地，本区广泛分布。生于山坡、岸边、林下等，常出现大面积群落。

功用价值：鳞茎作药用，也可作蔬菜食用。

花序、花　　　　　　　　　　花序、珠芽　　　　　　　　　珠芽萌发

珠芽　　　　　　　叶中空

鳞茎　　　　　　　　　　　　　　　植株

一〇四、菝葜科 Smilacaceae

503. 菝葜

学　　名：*Smilax china* L.

属　　名：菝葜属 *Smilax* L.

形态特征：攀缘灌木。根状茎粗厚，坚硬，为不规则的块状，疏生刺，茎、枝上刺基部骤然变粗。叶薄革质或坚纸质，下面通常淡绿色，较少苍白色；叶柄具宽 0.5～1 mm 的鞘，与叶柄近等长，几乎都有卷须，少有例外，脱落点位于靠近卷须处。伞形花序生于叶尚幼嫩的小枝上，具十几朵或更多的花，常呈球形；花绿黄色；雌花与雄花大小相似，有 6 枚退化雄蕊。浆果熟时红色，有粉霜。花期 2～5 月，果期 9～11 月。

分　　布：产于大别山、桐柏山和伏牛山南部，本区南园广泛分布。生于林下、灌丛中、路旁、河谷或山坡上。

功用价值：根状茎可以提取淀粉和栲胶，或用来酿酒。有些地区作土茯苓或萆薢混用，也有祛风活血作用。

果实

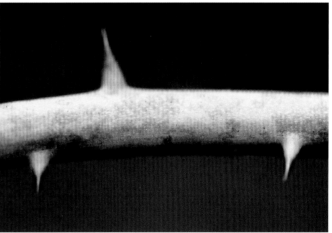

茎、刺

叶背面

叶正面、枝

504. 小果菝葜

学　　名：*Smilax davidiana* A. DC.

属　　名：菝葜属 *Smilax* L.

形态特征：攀缘灌木，具粗短的根状茎。茎具疏刺。叶坚纸质，干后红褐色，通常椭圆形，先端微凸或短渐尖，基部楔形或圆形，下面淡绿色；叶柄较短，具鞘，有细卷须，脱落点位于近卷须上方；鞘耳状，宽 2 ~ 4 mm（一侧），明显比叶柄宽。伞形花序生于叶尚幼嫩的小枝上；总花梗长 5 ~ 14 mm；花绿黄色；雄花外花被片长 3.5 ~ 4 mm；花药比花丝宽 2 ~ 3 倍；雌花比雄花小，具 3 枚退化雄蕊。浆果熟时暗红色。花期 3 ~ 4 月，果期 10 ~ 11 月。

分　　布：产于大别山及伏牛山区，本区南园广泛分布。生于林下、灌丛中或山坡、路边阴处。

雌花序、雌花　　　　　　　雄花序　　　　　　　　雄花

果实　　　　　　　　　叶背面　　　　　　　　叶正面

505. 黑果菝葜

学　　名：*Smilax glaucochina* Warb.

属　　名：菝葜属 *Smilax* L.

形态特征：攀缘灌木，具粗短的根状茎。茎通常疏生刺。叶厚纸质，通常椭圆形，先端微凸，基部圆形或宽楔形，干后不变黑，下面苍白色，多少可以抹掉；叶柄长 7～15 (25) mm，约占全长的一半具鞘，有卷须，脱落点位于上部。伞形花序通常生于叶稍幼嫩的小枝上；总花梗较叶柄长；花序托稍膨大，具小苞片；花绿黄色；雌花与雄花大小相似，具 3 枚退化雄蕊。浆果熟时黑色，具粉霜。花期 3～5 月，果期 10～11 月。

分　　布：产于太行山、伏牛山、大别山及桐柏山，本区南园广泛分布。生于林下、灌丛中或山坡上。

功用价值：本种根状茎富含淀粉，可制糕点或加工食用。

花序　　　　　　　　　　幼果　　　　　　　　　　成熟果实

叶正面

叶背面　　　　　　　　　　　　　　枝、叶

506. 黑叶菝葜

学　　名：*Smilax nigrescens* Wang et Tang ex P. Y. Li

属　　名：菝葜属 *Smilax* L.

形态特征：攀缘灌木。茎长达 2 m，枝条多少具棱，疏生刺或近无刺。叶纸质，干后近黑色，通常卵状披针形或卵形，先端渐尖，基部近圆形至浅心形，下面通常苍白色，较少淡绿色；叶柄长 6 ~ 12 mm，占全长的 1/2 ~ 2/3 具狭鞘，一般有卷须，脱落点位于近顶端。伞形花序具几朵至十余朵花；总花梗比叶柄长；花绿黄色，内外花被片相似；雌花与雄花大小相似，具 6 枚退化雄蕊。浆果，成熟时蓝黑色。花期 4 ~ 6 月，果期 9 ~ 10 月。

分　　布：产于伏牛山南部，本区南园广泛分布。生于林下、灌丛中或山坡阴处。

果实

叶

茎、叶、刺

507. 华东菝葜

学　　名： *Smilax sieboldii* Miq.

属　　名： 菝葜属 *Smilax* L.

形态特征： 攀缘灌木或半灌木，具粗短的根状茎。小枝常带草质，干后稍凹瘪，一般有刺；刺多半细长，针状，稍黑色，基部不骤然变粗。叶草质，卵形，叶背面绿色，无白粉；叶柄约占一半具狭鞘，有卷须，脱落点位于上部。伞形花序具几朵花；总花梗纤细，长于或等于叶柄，至少长于叶柄长度的 1/2；花序托几不膨大；花绿黄色；雌花小于雄花，具 6 枚退化雄蕊。浆果，熟时蓝黑色。花期 5~6 月，果期 10 月。

分　　布： 产于大别山及伏牛山区，本区南园少量分布。生于林下、灌丛中或山坡草丛中。

果序

叶

茎、叶、刺

成熟果实

一〇五、薯蓣科 Dioscoreaceae

508. 薯蓣　山药

学　　名：*Dioscorea polystachya* Turczaninow

属　　名：薯蓣属 *Dioscorea* L.

形态特征：缠绕草质藤本。块茎长圆柱形，垂直生长，断面干时白色。茎通常带紫红色，右旋，无毛。单叶，在茎下部的互生，中部以上的对生，很少3叶轮生；叶片变异大，卵状三角形至宽卵形或戟形，边缘常3浅裂至3深裂。叶腋内常有珠芽。雌雄异株。雄花序为穗状花序；花序轴明显呈"之"字状曲折。雌花序为穗状花序，1～3个着生于叶腋。蒴果不反折，三棱状扁圆形或三棱状圆形，外面有白粉。花期6～9月，果期7～11月。

分　　布：产于河南各山区，本区南园广泛分布。生于山坡、林下及岸边。

功用价值：块茎为常用中药"淮山药"；又能食用。

叶腋珠芽

茎、叶　　　茎、叶、珠芽

块茎　　　叶腋珠芽

雌花序－果实　　　雄花序　　　叶

附录
河南淅川丹阳湖国家湿地公园概述

2014年12月31日，国家林业局《国家林业局关于同意北京房山长沟泉水等140处湿地开展国家湿地公园试点工作的通知》（林湿发〔2014〕205号）批准河南淅川丹阳湖湿地公园为国家湿地公园（试点），2019年通过国家林业和草原局验收，并于2019年12月25日正式授牌。

河南淅川丹阳湖国家湿地公园位于河南省淅川县境内，规划范围主要包括丹江湿地国家级自然保护区以南的丹江口水库水域（南园）、丹江与老灌河交汇口东侧水域（北园）两个园区，规划总面积25 226.4 hm²。

南园位于淅川县南部，规划范围包括丹江湿地国家级自然保护区以南丹江口水库水域（高程170 m以下）和朱廉山、汤山部分山体，行政范围涉及香花镇、九重镇、仓房镇。地理坐标介于北纬32°46′41″～32°38′15″，东经111°28′09″～111°42′58″之间。规划面积为24 906.4 hm²，其中湿地面积23 948.9 hm²，湿地率96.2%。南园以确保丹江口水库水安全为前提，通过公园保育区和恢复重建区的规划和建设，保护和恢复丹江国家重要湿地，有效发挥丹江库塘湿地涵养水源、净化水质、提供饮水、调蓄洪水、保护生物多样性的重要作用；重点开展对库区消落带水陆交替湿地恢复重建的科研工作，努力将南园规划区建设成我国库塘湿地保护和恢复的典范。

北园位于淅川县中部的马镫镇境内，杨营河与紫气河汇入丹江口水库的河口处。地理坐标介于北纬32°56′09″～32°58′31″，东经111°31′54″～111°33′29″之间。规划面积为320.0 hm²，其中湿地面积231.0 hm²，湿地率72.2%。北园依托丹江口水库丰富的湿地资源，开展湿地科普宣教，挖掘内陆河流与大型人工库塘交替作用形成的库塘湿地与内陆河口湿地季节性变化的科研和宣教价值；宣扬地方湿地文化，开展生态旅游，发挥丹江湿地的生态、经济和社会效益。

远眺朱连山

消落带风光

山湖生机盛

碧水丹阳湖

湖畔汤山景

丹阳湖春色

丹阳日出

诗画渠道

中文名称索引

拉丁学名索引